U0053429

序　言

　　在近幾年的企業內訓與職業訓練邀請中，視頻剪輯與後製已成為授課的主要科目。因此為了讓初學入門的新手朋友能夠有一本可以做為自學的工具指導書與教學使用參考教材用書，特別企劃了這本"剪映"著作。

　　書中應用最簡單的用語，說明影片後製的作業流程，工具操作的邏輯思維，讓你一次學會影片剪輯技巧，而在實務應用的方面，書中更結合了精選 12 大創意技法範例，讓您將靈感轉化為獨特性的創作作品，並輕鬆分享到各大社群媒體中，與他人分享您的創作。

　　在自媒體創作路上，許多朋友們最常遇見的問題即是軟體取得與素材的使用，然而在"剪映"為使每位創作者能自由發想與創作，因此不僅僅軟體下載"完全免費"外，更支援電腦版與行動裝置版的下載與同步編輯功能，不再受限於空間與時間限制，讓您能自由發想與創作，而龐大的素材庫資源讓您的影片更增添了許多創新元素的創作與趣味性，而官方更會時時更新素材庫資源內容，讓您在不同節慶中使用到最即時應景的素材媒體。

　　最值得推薦的即是在數位教材開發的這數十年來，最花費我後製時間的即是字幕的後製問題，往往 5 分鐘的影片，卻要耗掉近 2 個工作天從逐字稿到 SRT 才能完成的字幕設計，而在"剪映"中可直接應用語音識別一鍵完成字幕產生，我只要進行二次校稿內容，即可在 20 分鐘左右完成，這項設計對於影音創作者來說，真的是一項令人不得不推薦的好工具。

只要你隨著書中的章節引導，導入自己拍攝的素材，或是直接應用"剪映"素材庫資源導入練習來學習每項操作，任何人都能輕鬆學會影片創意剪輯，進而應用在行銷影片創作、商品內容介紹影片、創意趣味影片、生活分享 VLOG、專業知識教學影片、勵志成長語錄影片等，都將是您最佳自學與教學使用的指導用書。

　　此外本人所開設的 Youtube(SkillTrainTW 雲端電腦學院) 頻道中，也會不定期推出各類的教學視頻，您可以免費訂閱頻道內容並分享給更多的朋友，讓電腦技能學習不中斷，也歡迎加入 SkillTrainTW 雲端電腦學院粉絲專頁，在此提供朋友們互動交流的地方，讓學習成為您生活的一部份，也讓學習的過程中看見更美好的自己，透過影片的創作與分享，讓更多人認識你的獨特性與專業性，歡迎朋友們一起加入以上的學習行列。

第1章

輕而易剪創作

第 1 節　下載與安裝　　　　　　　　　　　　　　　　　　　1-3
　　　第 1 項　電腦版下載　　　　　　　　　　　　　　　1-5
　　　　　　1-1　剪映官方網站　　　　　　　　　　　　1-5
　　　　　　1-2　立即下載　　　　　　　　　　　　　　1-6
　　　第 2 項　安裝與啟動　　　　　　　　　　　　　　　1-8
第 2 節　素材準備　　　　　　　　　　　　　　　　　　　1-10
　　　第 1 項　影片構成元素　　　　　　　　　　　　　　1-10
　　　第 2 項　第一步素材匯集　　　　　　　　　　　　　1-11
第 3 節　免費素材　　　　　　　　　　　　　　　　　　　1-13
　　　第 1 項　音樂音效素材　　　　　　　　　　　　　　1-13
　　　　　　1-1　ARTLIST.CO (付費)　　　　　　　　1-13
　　　　　　1-2　Epidemic sound (試用 30 天)　　　　1-16
　　　　　　1-3　Pixabay 網站　　　　　　　　　　　　1-17
　　　　　　1-4　Freesound 網站　　　　　　　　　　　1-18
　　　　　　1-5　Youtube 創作者工作室　　　　　　　　1-20
　　　第 2 項　商用字型素材　　　　　　　　　　　　　　1-22
　　　第 3 項　字體產生器　　　　　　　　　　　　　　　1-24
　　　第 4 項　圖片影音素材　　　　　　　　　　　　　　1-26
　　　　　　4-1　Pixabay 網站　　　　　　　　　　　　1-26
　　　　　　4-2　Pexels 網站　　　　　　　　　　　　　1-27
　　　　　　4-3　ISTOCK 網站　　　　　　　　　　　　1-29

第 2 章

啟動剪映

第 1 節　本地草稿　　　　　　　　　　　　　　　　　　　2-3
第 2 節　草稿管理　　　　　　　　　　　　　　　　　　　2-5
　　　第 1 項　草稿複製　　　　　　　　　　　　　　　　2-5
　　　第 2 項　重新命名　　　　　　　　　　　　　　　　2-6
　　　第 3 項　刪除草稿　　　　　　　　　　　　　　　　2-8

第 3 節　自訂草稿路徑　2-9

第 4 節　雲備份草稿　2-12

　　第 1 項　雲端備份　2-14

　　第 2 項　電腦與手機同步　2-16

第 5 節　批量管理　2-18

　　第 1 項　批量雲備份　2-18

　　第 2 項　批量刪除　2-20

第 3 章

剪映視窗導覽

第 1 節　認識工作區　3-2

第 2 節　媒體視窗　3-3

第 3 節　播放器視窗　3-5

　　第 1 項　播放預覽　3-5

　　第 2 項　影片比例　3-6

　　第 3 項　預覽視窗大小　3-7

第 4 節　時間軸視窗　3-8

第 5 節　參數面版　3-9

第 4 章

媒體素材與時間軸

第 1 節　影片後製流程　4-2

第 2 節　導入素材　4-2

　　第 1 項　本地素材　4-2

　　　　1-1　方式一：直接點選導入　4-2

　　　　1-2　方式二：由菜單 / 文件 / 導入　4-5

　　　　1-3　方式三：快速鍵 Ctrl+I　4-5

　　第 2 項　素材庫應用　4-6

第 3 節　增刪素材　4-7

　　第 1 項　增加素材　4-8

　　第 2 項　刪除素材　4-9

第 4 節　縮圖識別　　　　　　　　　　　　　　　4-12
第 5 節　時間軸安排　　　　　　　　　　　　　　4-13
　　　第 1 項　⊕號置入　　　　　　　　　　　　4-13
　　　第 2 項　左拖拉置入　　　　　　　　　　　4-16
　　　第 3 項　批量置入　　　　　　　　　　　　4-17
第 6 節　順序調整　　　　　　　　　　　　　　　4-18
第 7 節　影片比例　　　　　　　　　　　　　　　4-19

第 5 章

時間軸技巧

第 1 節　時間軸縮放　　　　　　　　　　　　　　5-2
第 2 節　關閉原聲與靜音　　　　　　　　　　　　5-3
第 3 節　時間線　　　　　　　　　　　　　　　　5-3
第 4 節　多軌道設計　　　　　　　　　　　　　　5-4
　　　第 1 項　排列與播放　　　　　　　　　　　5-4
　　　第 2 項　順序調整　　　　　　　　　　　　5-6
　　　第 3 項　時間軸層級　　　　　　　　　　　5-8
　　　第 4 項　自由層級　　　　　　　　　　　　5-10
第 5 節　吸附功能　　　　　　　　　　　　　　　5-12
第 6 節　開啟 / 關閉聯動　　　　　　　　　　　　5-14

第 6 章

媒體功能詳解

第 1 節　比例縮放　　　　　　　　　　　　　　　6-2
　　　第 1 項　縮放大小　　　　　　　　　　　　6-2
第 2 節　複製與刪除　　　　　　　　　　　　　　6-4
　　　第 1 項　複製素材　　　　　　　　　　　　6-4
　　　第 2 項　刪除素材　　　　　　　　　　　　6-5
第 3 節　縮放與旋轉　　　　　　　　　　　　　　6-6
　　　第 1 項　縮放設定　　　　　　　　　　　　6-6
　　　第 2 項　旋轉設定　　　　　　　　　　　　6-7

第 4 節　裁剪與鏡像　6-9

　　第 1 項　裁剪比例　6-9

　　第 2 項　鏡像　6-10

第 5 節　位置設定　6-13

第 6 節　組合與取消組合　6-13

第 7 節　封面設計　6-15

第 7 章

音頻提取導入

第 1 節　導入本地音頻　7-2

第 2 節　音頻素材庫　7-4

第 3 節　音效素材　7-5

第 4 節　音頻提取　7-6

第 5 節　抖音收藏　7-8

第 6 節　鏈接下載　7-12

第 8 章

剪輯與分割應用

第 1 節　剪輯流程　8-2

第 2 節　常用剪輯技巧　8-2

　　第 1 項　片頭刪除　8-2

　　第 2 項　片尾刪除　8-4

　　第 3 項　片中刪除　8-6

第 3 節　分割工具　8-8

　　第 1 項　分割工具　8-8

　　第 2 項　滑鼠切換　8-9

　　第 3 項　分割應用　8-10

　　　　3-1　移動素材　8-10

　　　　3-2　替換片段　8-13

第 4 節　批量移動　8-16

第 5 節　縮放時長　　　　　　　　　　　　　　　　8-17
　　　第 1 項　圖片時長　　　　　　　　　　　　8-17
　　　第 2 項　視頻時長　　　　　　　　　　　　8-18
　　　第 3 項　音樂時長　　　　　　　　　　　　8-20
第 6 節　多軌道分割　　　　　　　　　　　　　　　8-22
第 7 節　直接分割　　　　　　　　　　　　　　　　8-25

第 9 章

視頻進階效果

第 1 節　色彩明度效果　　　　　　　　　　　　　　9-2
　　　第 1 項　色彩調節　　　　　　　　　　　　9-2
　　　第 2 項　明度設定　　　　　　　　　　　　9-3
　　　第 3 項　效果套用　　　　　　　　　　　　9-4
　　　第 4 項　磨皮、瘦臉、視頻防抖　　　　　　9-4
　　　第 5 項　套用與應用到全部　　　　　　　　9-5
第 2 節　摳像　　　　　　　　　　　　　　　　　　9-6
　　　第 1 項　色度摳像　　　　　　　　　　　　9-6
　　　第 2 項　智能摳像　　　　　　　　　　　　9-7
　　　第 3 項　多軌道摳像　　　　　　　　　　　9-9
第 3 節　蒙版　　　　　　　　　　　　　　　　　　9-10
　　　第 1 項　套用蒙版　　　　　　　　　　　　9-10
　　　第 2 項　縮放調整　　　　　　　　　　　　9-12
　　　第 3 項　移動位置　　　　　　　　　　　　9-13
　　　第 4 項　旋轉　　　　　　　　　　　　　　9-14
　　　第 5 項　羽化設定　　　　　　　　　　　　9-15
　　　第 6 項　圓角設定　　　　　　　　　　　　9-16
　　　第 7 項　蒙版反轉　　　　　　　　　　　　9-17
　　　第 8 項　取消蒙版　　　　　　　　　　　　9-19
第 4 節　背景　　　　　　　　　　　　　　　　　　9-19
　　　第 1 項　背景填充　　　　　　　　　　　　9-19
　　　第 2 項　廣告文案設計　　　　　　　　　　9-22

第 5 節　動畫　　　　　　　　　　　　　　　　　9-26
第 6 節　拍照定格效果　　　　　　　　　　　　　9-28
　　第 1 項　定格設定　　　　　　　　　　　　　9-28
　　第 2 項　縮放時長　　　　　　　　　　　　　9-29
　　第 3 項　取消定格　　　　　　　　　　　　　9-30

第 10 章
音頻與配樂

第 1 節　音頻　　　　　　　　　　　　　　　　　10-2
　　第 1 項　音量　　　　　　　　　　　　　　　10-2
　　第 2 項　淡入淡出　　　　　　　　　　　　　10-4
　　第 3 項　音頻降噪　　　　　　　　　　　　　10-6
　　第 4 項　變聲　　　　　　　　　　　　　　　10-7
第 2 節　變速　　　　　　　　　　　　　　　　　10-8
　　第 1 項　常規變速　　　　　　　　　　　　　10-8
　　第 2 項　曲線變速　　　　　　　　　　　　　10-10
第 3 節　視頻與音頻分離　　　　　　　　　　　　10-13
　　第 1 項　整體分離音頻　　　　　　　　　　　10-13
　　第 2 項　片段分離音頻　　　　　　　　　　　10-14
　　第 3 項　分離應用　　　　　　　　　　　　　10-15
　　第 4 項　還原音頻　　　　　　　　　　　　　10-17
第 4 節　配樂剪輯　　　　　　　　　　　　　　　10-18

第 11 章
文本特效

第 1 節　新建文本　　　　　　　　　　　　　　　11-2
　　第 1 項　默認　　　　　　　　　　　　　　　11-2
　　第 2 項　花字　　　　　　　　　　　　　　　11-4
　　第 3 項　收藏　　　　　　　　　　　　　　　11-5
第 2 節　格式與特效　　　　　　　　　　　　　　11-7

第 1 項　基礎　　　　　　　　　　　　　　　11-8

第 2 項　氣泡　　　　　　　　　　　　　　　11-10

第 3 項　花字　　　　　　　　　　　　　　　11-11

第 3 節　動畫　　　　　　　　　　　　　　　11-12

第 4 節　朗讀　　　　　　　　　　　　　　　11-14

第 5 節　文字模版　　　　　　　　　　　　　11-15

第 12 章

字幕與文稿匹配

第 1 節　識別字幕　　　　　　　　　　　　　12-2

第 1 項　字幕編修　　　　　　　　　　　　　12-4

第 2 項　格式與樣式　　　　　　　　　　　　12-6

第 2 節　文稿匹配　　　　　　　　　　　　　12-8

第 3 節　識別歌詞　　　　　　　　　　　　　12-10

第 4 節　旁白錄音　　　　　　　　　　　　　12-11

第 13 章

貼紙動畫特效

第 1 節　搜尋與編輯　　　　　　　　　　　　13-2

第 2 節　動畫　　　　　　　　　　　　　　　13-4

第 3 節　組合素材　　　　　　　　　　　　　13-6

第 4 節　片頭設計　　　　　　　　　　　　　13-7

第 5 節　片尾設計　　　　　　　　　　　　　13-10

第 14 章

特效效果設計

第 1 節　套用特效　　　　　　　　　　　　　14-2

第 2 節　特效時長　　　　　　　　　　　　　14-3

第 3 節　特效參數　　　　　　　　　　　　　14-4

第 4 節　三分屏設計　　　　　　　　　　　　14-7

第 15 章

轉場效果設計

第 1 節　轉場套用　　　　　　　　　　　　　　　　　　　　15-2

第 2 節　轉場時長　　　　　　　　　　　　　　　　　　　　15-5

第 3 節　轉場刪除　　　　　　　　　　　　　　　　　　　　15-6

第 16 章

濾鏡庫設計

第 1 節　套用濾鏡　　　　　　　　　　　　　　　　　　　　16-2

第 2 節　濾鏡時長　　　　　　　　　　　　　　　　　　　　16-3

第 3 節　濾鏡參數　　　　　　　　　　　　　　　　　　　　16-4

第 17 章

調節與 LUT

第 1 節　預設調節參數　　　　　　　　　　　　　　　　　　17-2

第 2 節　自定義調節參數　　　　　　　　　　　　　　　　　17-5

第 3 節　LUT 應用　　　　　　　　　　　　　　　　　　　　17-7

　　　　　第 1 項　搜尋 LUT　　　　　　　　　　　　　　　17-8

　　　　　第 2 項　LUT 導入　　　　　　　　　　　　　　　17-11

第 18 章

關鍵幀設計

第 1 節　增刪關鍵幀　　　　　　　　　　　　　　　　　　　18-2

第 2 節　關鍵幀原理　　　　　　　　　　　　　　　　　　　18-5

第 3 節　移動特效　　　　　　　　　　　　　　　　　　　　18-6

第 4 節　縮放特效　　　　　　　　　　　　　　　　　　　　18-8

第 5 節　旋轉 + 縮放特效　　　　　　　　　　　　　　　　18-10

第 19 章

踩點視頻設計

第 1 節　導入音頻　　　　　　　　　　　　　　　　19-2

第 2 節　自動踩點　　　　　　　　　　　　　　　　19-3

第 3 節　手動踩點　　　　　　　　　　　　　　　　19-5

第 4 節　刪除踩點　　　　　　　　　　　　　　　　19-6

第 5 節　素材結合踩點　　　　　　　　　　　　　　19-7

第 20 章

視頻導出

第 1 節　檔名與路徑　　　　　　　　　　　　　　　20-3

第 2 節　導出格式　　　　　　　　　　　　　　　　20-4

第 21 章

管理應用技巧篇

第 1 節　媒體丟失解決方式　　　　　　　　　　　　21-2

　　第 1 項　將原素材檔案移回　　　　　　　　　　21-2

　　第 2 項　重新鏈接媒體　　　　　　　　　　　　21-3

　　第 3 項　複製至草稿　　　　　　　　　　　　　21-5

第 2 節　安裝繁體中文字型　　　　　　　　　　　　21-11

　　第 1 項　查看剪映版本　　　　　　　　　　　　21-11

　　第 2 項　安裝 Google Font 字型　　　　　　　　21-13

第 3 節　抖音官方版下載註冊　　　　　　　　　　　21-18

　　第 1 項　抖音官方下載　　　　　　　　　　　　21-18

　　第 2 項　抖音帳號註冊　　　　　　　　　　　　21-22

　　第 3 項　抖音網頁版登入　　　　　　　　　　　21-26

第 4 節　抖音國際版 TikTok 下載註冊　　　　　　　21-28

第 5 節　播放中看不見素材內容　　　　　　　　　　21-34

第 6 節　無法進行踩點　　　　　　　　　　　　　　21-38

第 7 節　轉場效果無法套用　21-39
第 8 節　圖片批量時長　21-42
第 9 節　直式文字設計　21-46
第 10 節　字幕簡轉繁　21-49
第 11 節　匯出 SRT 檔案　21-51
第 12 節　SRT 簡轉繁　21-55
第 13 節　視頻導出到抖音　21-59

第 22 章

精彩創意技法特輯

特效技巧 1、　水墨片頭　22-2
特效技巧 2、　古風文字動畫　22-10
特效技巧 3、　水墨轉場　22-16
特效技巧 4、　轉場推屏　22-23
特效技巧 5、　蒙版推屏　22-27
特效技巧 6、　蒙版特效鏡頭　22-35
特效技巧 7、　拼圖特效鏡頭　22-39
特效技巧 8、　圖片踩點動畫　22-48
特效技巧 9、　夢幻天空旅程　22-52
特效技巧 10、魔幻粒子星空　22-57
特效技巧 11、文字烟霧消散效果　22-67
特效技巧 12、人物穿透文字　22-74

1

輕而易剪創作

第 1 節　下載與安裝

第 2 節　素材準備

第 3 節　免費素材

您是否常常手機拍攝了照片，錄製了影片，卻永遠只能存放在手機，自己回憶。

想上傳到 Youtube、Facebook、粉絲專頁、IG 擔心影片沒特色，沒有點擊率。

想成為部落客做日常生活記錄 Vlog，想把美好的生活體驗分享給更多的朋友。

想自己拍攝影片記錄美食、烘培、料理、生活小智慧等，可是不會拍攝跟剪輯影片。

想將自己的知識透過影片，以教學或口語表達分享給更多需要學習的朋友們，但不知從何著手。

想要將公司的產品透過影片宣傳，苦惱著拍攝後的剪輯技巧，想想還是放棄不做。

以上，都是許多朋友們害怕且一直困擾著自己的問題，你是否也因為如此，有著許多想法與創作靈感，但卻總是感到許多的挫折呢？

現在起你只要有手機，是的只要用手機，或是你也會電腦操作，在這指的電腦操作，是你只要會滑鼠操作並簡單的中文輸入，那麼你擔心的所有問題，都由"剪映"來幫你一次解決。

讓我們來認識剪映這套視頻編輯軟體吧！

剪映是由抖音官方於 2019 年 5 月所推出的手機視頻編輯軟體，相信有在玩抖音的朋友們並不陌生，也因此為提供廣大的創作者更"輕而易剪"的軟體操作環境與使用體驗，於 2021 年 2 月起已全面支援行動裝置、桌上型電腦 Windows 系統、及 Mac 系統等全方位免費下載並安裝使用。

除了享有免費下載安裝，並且無限期使用外，更提供龐大的素材庫資源，如：媒體素材庫 (片頭、片尾、搞笑、綠幕、節慶氛圍等)、特效素材、音頻、文本、貼紙、特效、轉場、濾鏡、調節色彩等，讓您不再為了找不到適合的素材而苦惱，所有素材均適用於各行業創作屬性。

此外官方更不定期優化系統功能，以提供最佳的創作體驗，來協助所有使用者，都能簡單快速完成自己想要呈現的創作靈感，並輕鬆分享於抖音、西瓜視頻、及其它社群媒體中發布。為想要投入自媒體創作領域的朋友們，以及正在為行銷短視頻創作苦惱的您，帶來更便利的創作工具與操作門檻，讓影片剪輯可以在輕鬆點擊間自動完成，並將你心中所想要製作的影片用最專業最精彩的方式完美呈現。

第 1 節　下載與安裝

在下載剪映軟體前讓我們先來了解，因應不同的裝置需求，該如何選擇適當的類型來進行安裝。由於官方會不定期新增素材庫的資源，因此版本常有更新異動，然而主要工具操作應用均在本書中有完整詳盡說明介紹，因此本書適用各版本自學與應用操作指導說明。

首先來到剪映官方頁面，請連結至以下網址

Step 1 官方：https://lv.ulikecam.com/

Step 2 依裝置我們可以分為以下兩大類：

1. 剪映專業版：意即適用桌上型電腦及筆記型電腦下載位置。

2. 移動端：意即行動裝置，安裝剪映下載位置。

依行動裝置系統不同，又可分為 Android 系統、IOS 系統。

Step 3 Capcut 與剪映有什麼不同？

另外朋友們最大的疑惑即是，透過官方下載剪映，與 PLAY 商店下載 CAPCUT，有什麼不同？

首先由官方移動端下載的剪映，我們通稱為剪映官方版，而透過 PLAY 商店來下載的 CAPCUT 我們稱為 "剪映國際版"。

就功能的完整性上來說，還是會建議以剪映官方版為主，因為無論是素材庫數量及後製剪輯功能都較完整齊全，但無論使用的是哪一套，只要掌握操作的邏輯性，其實應用都是相同的，有興趣的朋友們也可以下載比較試試看。

本書內容將以剪映專業版 (即電腦版) 為主要撰寫的教學內容，主因在電腦版才能夠呈現最完整的整體視窗結構，帶領學習者從 0 開始全面性了解軟體特性，以及應具備的剪輯觀念與操作邏輯，另外若是因為手機選購的等級無法輸出影片或是下載安裝軟體，也都可以透過電腦版，來解決影片後製編輯的需求；尤其是長影片的創作，長時間的編輯與後製設計，更適合在電腦端來完成，以下讓我們來看看剪映帶給創作者的驚人體驗吧！

第 1 項　電腦版下載

首先我們先連結至官網，將剪映軟體下載並完成安裝設定，在此建議於官方網站下載為主，如此才能隨時掌握官方提供的更新檔、並且確保下載為最安全且最新版本的剪映軟體。

1-1　剪映官方網站

首先連結至剪映官方網站，在此可以直接輸入以下網址，或是以關鍵字搜尋剪映，進入官方頁面。再次強調以官方頁面下載為主，以確保下載為最安全且最新版本的剪映軟體。

Step ❶ 連結至官方：https://lv.ulikecam.com/ 網站

Step ❷ 或是 於 Google 輸入關鍵字搜尋剪映

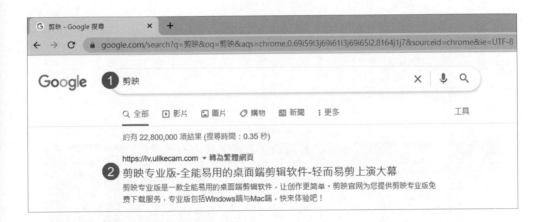

Step ❸ 確認進入為剪映官方頁面

說明：最新版本與更新資訊，請以剪映官方網站公告為主。

1-2 立即下載

進入剪映官方首頁後，預設即為**剪映專業版**頁面，即是**電腦端**使用的版本，因此如果是使用桌上型電腦與筆記型電腦的朋友們，可於此處直接進行下載即可。

Step 1 點選剪映專業版 / 立即下載 / 或是 點選備用下載鏈接均可

說明：若是立即下載無反應，則點選備用下載鏈結。

Step 2 查看推薦配置

Step 3 切換所須作業系統 (如：Windows)，即可查看最低配置與推薦配置

下載後我們直接於下載路徑下，找尋該檔案位置，並且點選即進行安裝作業。

Step ① 點選檔案總管 / 下載 / 剪映主程式檔案，點選左鍵 2 下進行安裝

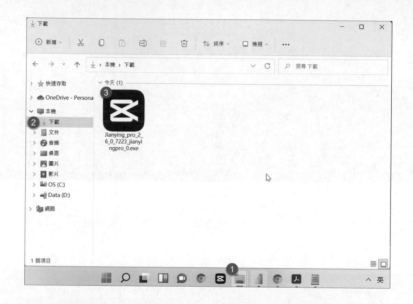

Step ② 點選立即安裝

Step ❸ 完成後，點選立即體驗

Step ❹ 正式進入剪映主視窗

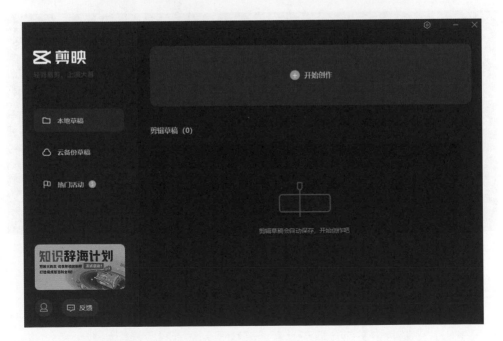

第2節 素材準備

在開始進行影片剪輯作業前,建議朋友們先將所需要的素材(圖片、影片、音樂、音效)等內容,先集合在資料夾內,而後再由剪映軟體一次匯入編輯,如此無論在編輯中,或是未來在進行二次編修等作業管理,才不會因為素材的檔案位置異動、更名、刪除等,而造成原始草稿編輯素材路徑遺失問題,關於這點請朋友們務必確實執行。

因為許多時候我們慣性的在數個資料夾,各自讀取並匯入所需要的素材來進行後製剪輯,然而在這期間,某些資料夾內的檔案,可能經過移動、更名、刪除等異動,此時在剪映檔案中這段草稿編輯記錄,就會因為素材找不到而出現"媒體丟失"的訊息,那麼都將會造成無法再次重新編修的問題。

🌀 第1項　影片構成元素

什麼是影片?影片中又包含哪些元素?讓我們先從素材收錄開始談起。

在創作影片時,我們可以將已拍攝好的照片、錄影片段、加入自己喜愛的音樂,並且在特定畫面加入罐頭音效等,將一連串具有故事情節內容的素材集合在一起，即是影片的基本元素，簡單的說，即是影片可以是由 (圖片、影片、音樂、音效) 等集合創作，藉由故事情節的重組而輸出成視頻的過程。

所以，即使是簡單的拍攝照片，也可以透過剪映匯集加入音樂與轉場特效，即可輕鬆完成影片的創作。

而這些素材都可以是來自生活中自由拍攝取景的內容，因此只要學會剪映，每張照片、每段影片、結合音樂音效都可以述說想要呈現的故事，並賦予每個創作都能具有溫度與感動人心的故事，這就是影片創作的魅力。

第 2 項　第一步素材匯集

在開始啟動剪映作業前，建議將所需要製作的相關素材，以一個資料夾匯集後，再由剪映匯入進行後製編輯作業，如此對於未來重覆性的編修與管理，才能減少異常錯誤問題的發生。

在此我們以桌面為例，簡單建立一個資料夾，並命名為**輕旅遊**。

Step❶ 桌面 / 右鍵 / 新增 / 資料夾

Step ② 輸入名稱：輕旅遊

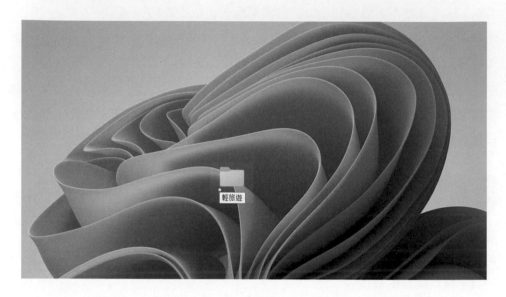

Step ③ 複製所需素材到資料夾中

在此我們集合了圖片素材 (*.jpg)、音樂音效素材 (*.mp3)、影片素材 (*.mp4) 等
檔案內容。

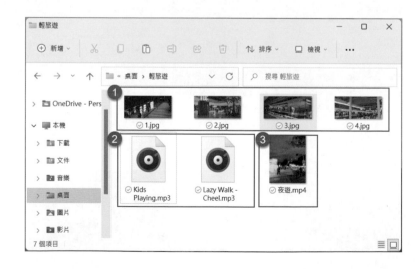

第 3 節　免費素材

在剪映中，提供有大量的免費素材庫，從媒體、音頻、文本等，大量創作資源供使用者可以自由套用設計，然而由於發布平台的差異，對於部份素材上仍有商業版權限制，這點朋友們需要多加注意。

如果說我們將影片最終創作後的結果，主要發布平台為抖音、西瓜視頻等，那麼音樂、字型則無需擔心版權問題；然而若是最後發布平台為 Youtube、Facebook、蝦皮、TikTok、IG 等，以及其它平台，則音樂、音效、字型等元素，都需額外注意，以免發布後會有版權警告問題發生。

因此為解決多數版權上的審查問題，以下我們為朋友們收錄了許多資源，可依需要與授權使用規範詳讀後 (再次強調使用前務必詳讀授權規範)，再選擇是否下載套用至影片創作中，如此可以減少不小心侵權等事宜。

對於需求創意素材豐富，並且大量創作的使用者來說，在此仍建議以付費方式取得相關素材，如此無論在商業授權還是個人創作上也都較能隨心所欲的自由發想，這是比較建議朋友們的做法，以下將為各位分享付費與免費的素材相關資源網。

第 1 項　音樂音效素材

在音樂素材使用上，在此分享幾個付費與免費的資源，當然付費平台資源，除提供高品質素材來源外，其類型也較多元化，並且不定期更新上架最新作品，更可放心的應用於各類型的創作與商業行銷使用，接下來讓我們來看看付費與免費資源提供哪些服務方案吧。

1-1　ARTLIST.CO (付費)

Step **1** 連結至網站 ARTLIST.CO/ 點選 Start Free Now

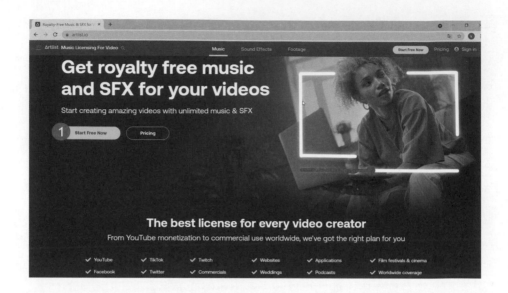

Step ② 可綁定 FB 或 Google 帳號註冊

Step ③ 在此以 FB 帳號為例，輸入您的 FB 帳號

Step ④ 輸入 FB 密碼

Step ⑤ 點選登入

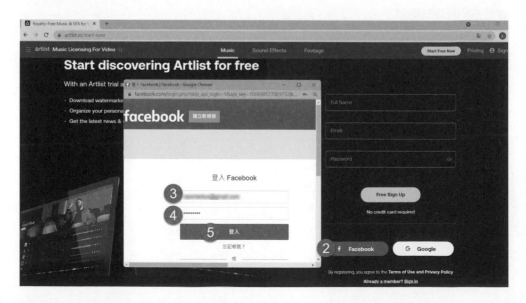

Step 6 可播放試聽 / 點選即可下載 / Get a License(授權使用方案)

Step 7 授權服務方案，可依需求再選購即可

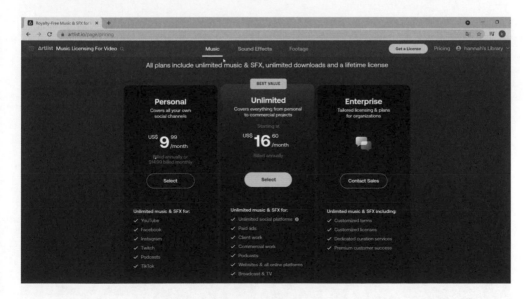

Epidemic sound (試用 30 天)

Step❶ 連結至官網 https://www.epidemicsound.com/

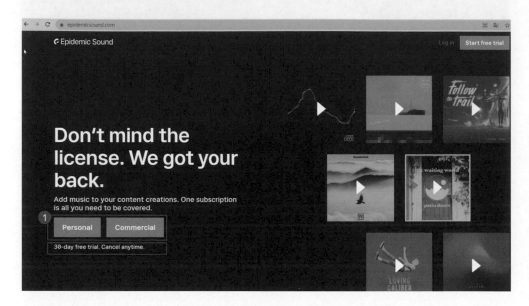

Step❷ 註冊後才可啟用，並填寫付款資料 (免費試用 30 天)

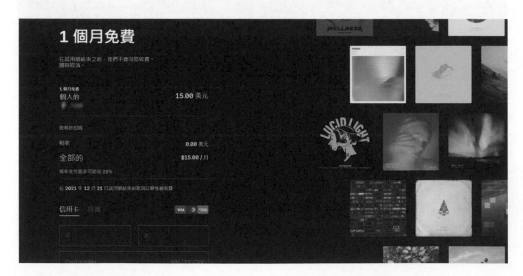

1-3　Pixabay 網站

Step 1 連結至官網 https://pixabay.com/zh/，點選音樂

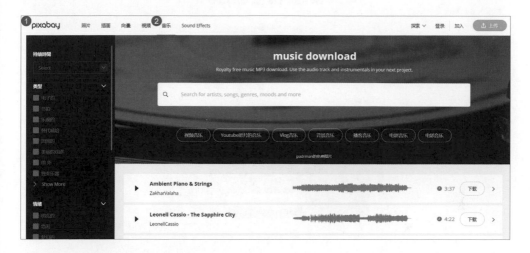

Step 2 可播放試聽，並下載

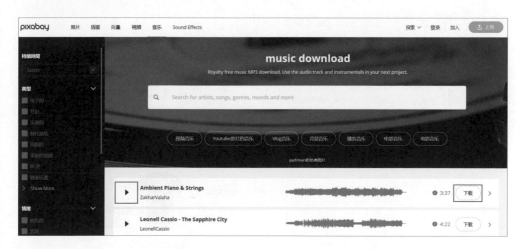

Step ❸ 注意使用授權

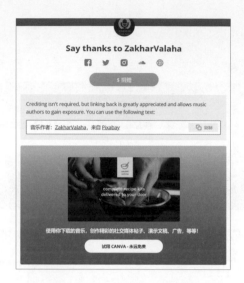

1-4　Freesound 網站

Step ❶ 連結至官網 https://freesound.org/

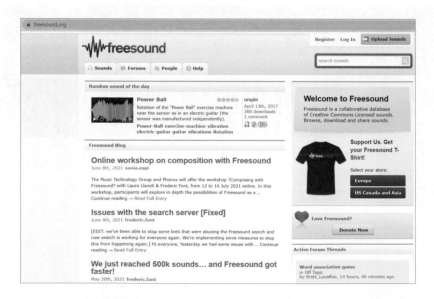

Step ② 點選 Sound/Play 可播放試聽

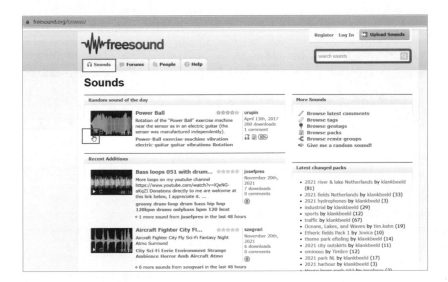

Step ③ 注意使用授權

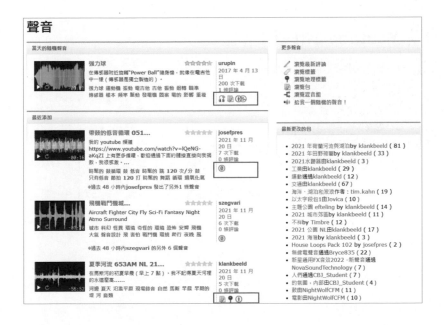

Step ❹ 點選**曲目**，進入下載連結頁 (注意授權使用)

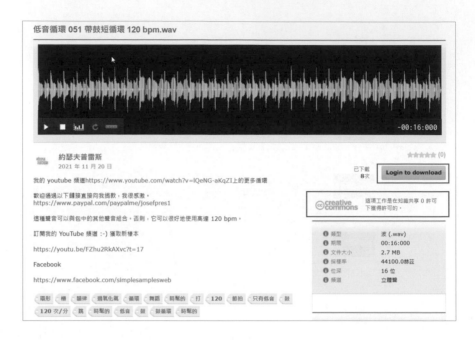

低音循環 051 帶鼓短循環 120 bpm.wav

-00:16:000

約瑟夫普雷斯
2021 年 11 月 20 日   ★★★★★ (0)

我的 youtube 頻道https://www.youtube.com/watch?v=IQeNG-aKqZI上的更多循環   已下載   Login to download
                                                                                  8次
歡迎通過以下鏈接直接向我揭款，我很感激。
https://www.paypal.com/paypalme/josefpres1   這項工作是在知識共享 0 許可
                                                                        下獲得許可的。
這種聲音可以與包中的其他聲音組合。否則，它可以很好地使用高達 120 bpm。

訂閱我的 YouTube 頻道 :-) 獲取新樣本
https://youtu.be/FZhu2RkAXvc?t=17   ❶ 類型   波 (.wav)
                                             ❶ 期間   00:16:000
Facebook   ❶ 文件大小   2.7 MB
                                             ❶ 採樣率   44100.0赫茲
https://www.facebook.com/simplesamplesweb   ❶ 位深   16 位
                                             ❶ 頻道   立體聲

環形 槽 韻律 過氧化氫 循環 舞蹈 時髦的 打 120 節拍 只有低音 鼓
120 次/分 跳 時髦的 低音 鼓 鼓循環 時髦的

1-5　　**Youtube 創作者工作室**

Step ❶ 登入 Youtube 帳號 /Youtube 工作室

Step ❷ 點選音效庫

Step ❸ 篩選音樂條件 (分別指定所需的類型、以及署名規範)

Step ④ 點選曲目類型

如：爵士藍調、浪漫等，依自己喜愛的曲風勾選後，套用即可。

Step ⑤ 不需註明出處

則套用該音樂素材，不需註明出處與來源

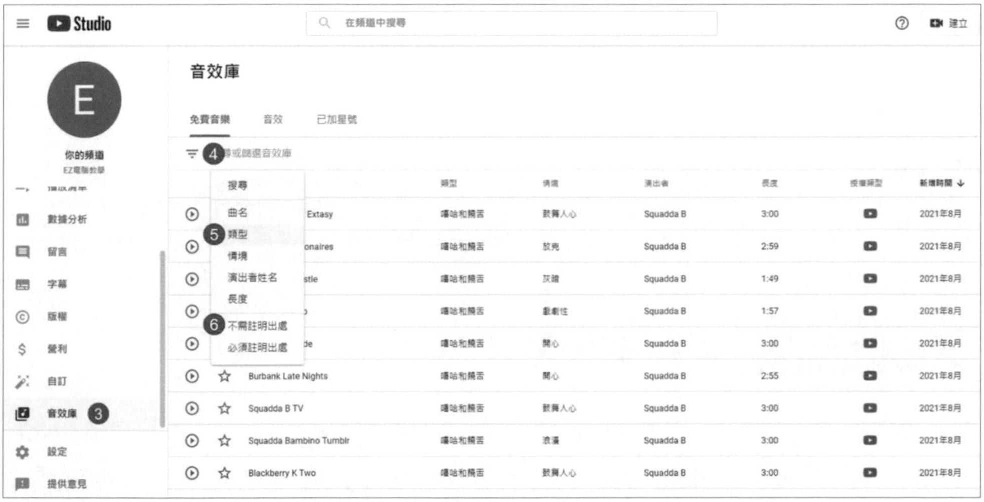

Step ⑥ 試聽播放，並下載

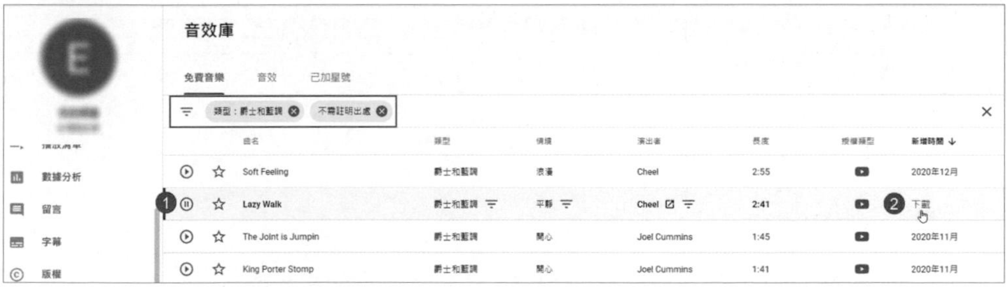

Step 7 下載後檔案存放位置，可由本機電腦 / 下載 / 找尋檔案即可

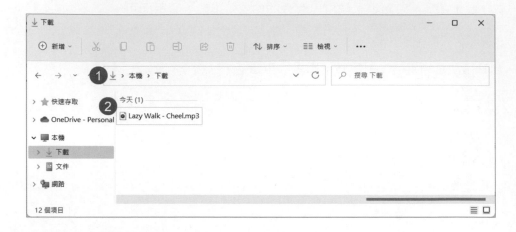

🌀 第 2 項　商用字型素材

在此為各位介紹 Adobe 與 Google 聯手開發的開源字體，分別為思源黑體（Noto Sans）與思源宋體（Noto Serif）兩大類字型，均可免費商用，下載後直接安裝於個人電腦中 Windows 系統，即可應用於所有軟體設計使用。

Step 1 搜尋 Google Font 或 直接連結至官網 https://fonts.google.com/

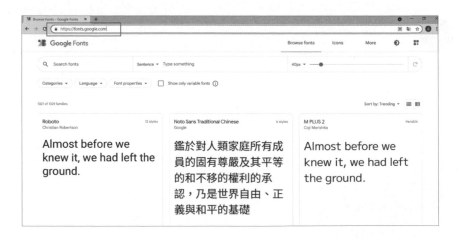

Step ② Language(語系)，台灣則選擇 Chinese(Traditional) 繁體中文即可。

說明：在此可見多國語系字型，可依創作需求直接下載不同語系字型檔。

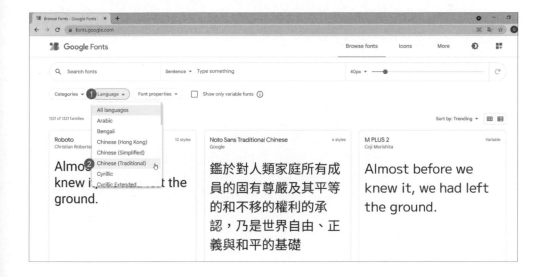

Step ③ 繁體中文共為兩大類字型

說明：關於下載及安裝，我們在管理應用技巧章節中，將有詳細說明。

第 3 項　字體產生器

在此的字體產生器是指，藉由平台將輸入的文字，進行字型設計，而後輸出成
PNG 圖檔，套用至我們所需要設計的影片中，做為素材使用。

Step 1 搜尋字體產生器

Step 2 點選進入 繁體字體轉換器_老寫字 (在此我們將以此網站為例説明)
當然還有許多豐富字型的網站，有興趣的朋友們不妨可以試試看。

Step 3 1. 輸入文字、2. 選擇字體、3. 點擊生成、4. 字體效果預覽、5. 下載
預覽圖

Step 4 預覽圖瀏覽，即為 PNG 圖片生成

🎯 第 4 項　圖片影音素材

4-1　Pixabay 網站

Step 1 點選連結至官網 https://pixabay.com

Step 2 可使用素材包含 圖片、插畫、向量、視頻、音樂等類型。

Step 3 可輸入關鍵字搜尋，或移動至下方瀏覽

Step ④ 點選圖片進入下載，下載時請注意授權使用規範

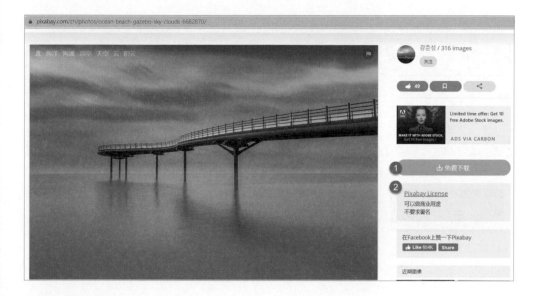

4-2　Pexels 網站

Step ① 搜尋 Pexels 或 連結至官方網站 https://www.pexels.com

Step 2 輸入關鍵字搜尋 / 素材類型 (圖片、影片) / 查看授權方案

Step 3 點選圖片，即可進入下載頁面

Step **4** 點選資訊，查看授權使用規範

ISTOCK 網站

Step **1** 搜尋 ISTOCK 或 連結至官網 https://www.istockphoto.com/

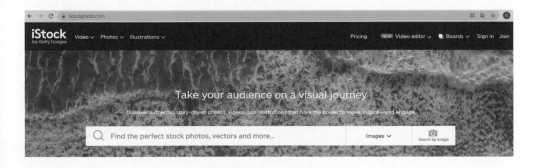

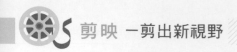

Step 2 可依分類搜尋素材 / 關鍵字搜尋素材 / 授權方案

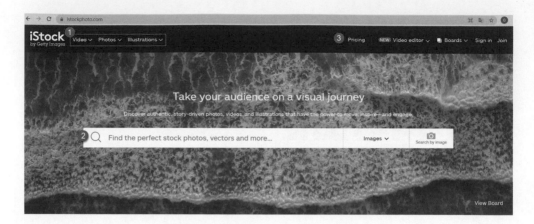

2

啟動剪映

第 1 節　本地草稿

第 2 節　草稿管理

第 3 節　自訂草稿路徑

第 4 節　雲備份草稿

第 5 節　批量管理

在初次啟動剪映時，首先來到的即是文件管理視窗，在此的草稿用語，可以視為即是文件的定義。在主視窗中該如何開始第一步呢？讓我們先來了解草稿文件管理作業。

1. **開始創作**：啟動新文件 (開新檔用意)，所以當我們準備好素材時，即是點選開始創作即可。

2. **本地草稿**：如圖所示，即為舊檔文件，而右側視窗即會呈現過去所有編輯過的檔案文件列表，我們只要直接點選，即可開啟未完成的影片繼續剪輯，在此特別注意的是，在剪輯後製的過程中，系統即會自動儲存，所以無需要手動儲存草稿作業。

3. **草稿命名與識別規則**：如右圖所示 (名稱構成：2021 年 11 月 21 日 22 時 06 分 (202111212206)，而下方資訊 1.5M 為檔案大小，00:05 為 5 秒影片時長內容)。

4. **雲備份草稿**：為方便許多使用者除了可以利用電腦端編輯外，更可以透過雲端備份，將草稿文件同步至雲端後，直接透過行動裝置 (手機、平板電腦) 或是跨裝置等，直接進行同步編輯，不再有空間、時間、與設備限制，隨時都可存取草稿資料進行後製編輯處理，更加快速並有效率的完成個人創作。

第 1 節　本地草稿

所謂的本地草稿即是，曾經編輯過的舊檔文件清單列表，如同我們日常作業中所謂的開啟舊檔，我們可以透過視窗中的列表查詢相關檔案的資訊，例如：日期時間等資訊，來了解我們所要啟動的是哪一份文件檔案內容，點選後即自動開啟，進入編輯視窗進行操作即可。

讓我們來了解，本地草稿文件預存的路徑位置所在，方便我們可以進行相關的備份與管理作業。

Step 1 我們可以直接點選開始創作

Step 2 在參數視窗中，即是這份草稿預存的路徑

Step 3 檔案總管 / 檢視 / 顯示 / ✓ 隱藏的項目

所謂的隱藏項目是指，Windows 系統中，部份檔案為隱藏式的系統檔，若未開啟顯示，則會無法檢索到剪映所預存的路徑。

Step 4 依草稿參數找尋對應路徑 / 包含草稿資料夾與配置參數檔案 *.json

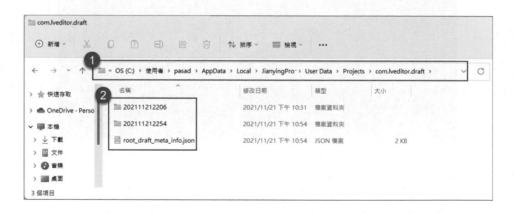

第 2 節 草稿管理

在本地草稿位置中，如何進行草稿文件常用管理，例如：編修前先進行複製備份、草稿名稱重新命名、以及適時刪除不必要的草稿文件等管理技巧說明。

第 1 項 草稿複製

複製草稿文件我們可以應用於，第 1 先備份再異動，以免造成異常問題發生，第 2 同類型內容快速製作，簡單的說即是應用原來的草稿，將部份素材內容異動，完成不同的創意設計時，我們可以複製草稿後再編修，如此可以簡化許多重複性編輯過程。

Step 1 欲複製的草稿文件，點選⋯ / 複製草稿

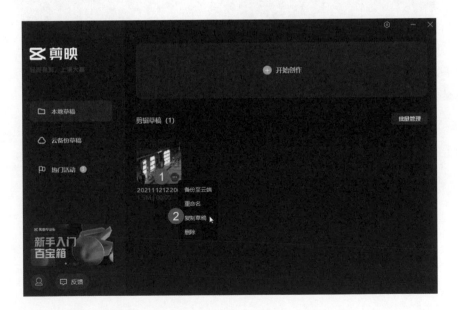

Step 2 複製後的草稿副本

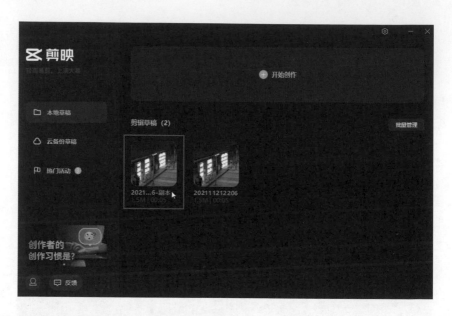

第 2 項　　重新命名

在編輯中應即時對草稿名稱設置清楚且容易識別的名稱，主要是為了方便記憶與日後維護管理。

Step 1 點選… / 重命名

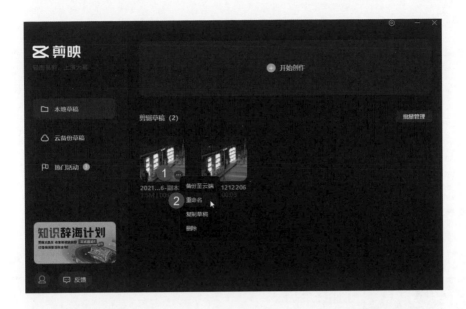

Step 2 輸入名稱後，Enter 即可

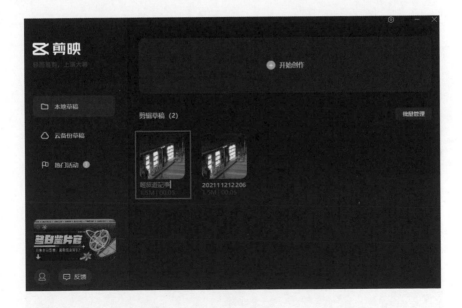

Step 3 檔案總管相對路徑也同步完成更名

第 3 項　刪除草稿

對於不再使用的草稿文件，進行刪除後可有效節省磁碟空間容量與效能，但注意的是一旦刪除後是無法再次復原，這點請確認後再執行。

Step 1 點選⋯ / 刪除

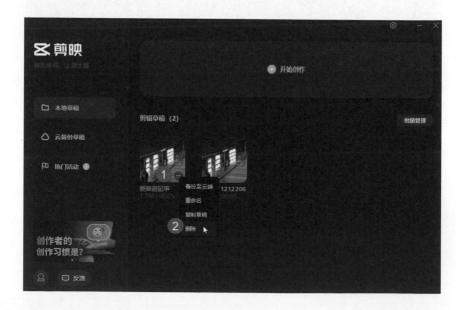

2-8

Step❷ 點選確認，注意刪除後將無法救回 (即不可逆)。

第 3 節　自訂草稿路徑

剪映自 2.5.1 版本起，已提供使用者可自訂草稿路徑，在管理作業中，我們可以自定資料夾以做為草稿資料儲存專屬路徑位置，如此就無需層層搜尋系統預設儲存路徑位置。

Step❶ 菜單 / 幫助 / 關於

Step❷ 版本為 2.5.5，若非 2.5.5 版以上，可於官方網站下載後更新

Step❸ 菜單 / 全局設置

Step❹ 自訂草稿位置

Step 5 自訂資料夾儲存位置 (可由使用者自訂儲存草稿的資料夾位置)

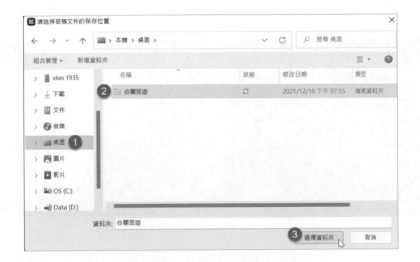

Step 6 保存設定

Step 7 重新啟動剪映，並進行新的草稿設計，如圖：系統自訂草稿檔名為 202112182028

Step 8 與資料夾下對應使用的實際情形

說明：更改路徑後，僅針對之後新建立的草稿文件儲存路徑有效，而之前草稿文件仍儲存於原路徑下不會更動。

第 4 節　雲備份草稿

雲備份草稿即是我們所謂的雲端存取的用意，在啟用雲備份作業前，我們必須先登入抖音號，才可啟動雲備份功能。

Step 1 使用抖音 APP 掃碼驗證登入即可

說明：在此的抖音號是指大陸內地的抖音官方版，而不是 Tiktok 抖音國際版，至於如何註冊抖音，可參考第 21 章第 3 節說明。

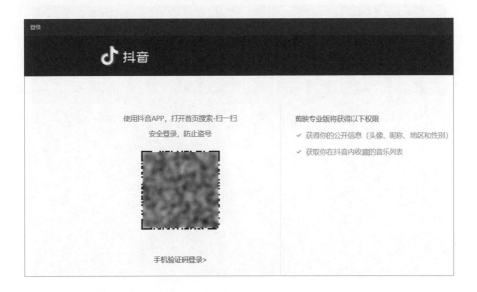

Step ② 登入後畫面如圖所示 (雲端免費空間為 512MB)

第 1 項　雲端備份

在登入雲備份作業後，我們只要於本地草稿位置，針對欲備份的草稿文件，點選備份至雲端，即可進行備份作業。

Step ① 點選本地草稿 / 點選… / 備份至雲端

Step 2 草稿文件右上方呈現雲朵圖示，意即完成備份至雲端程序

Step 3 重覆多次備份

說明：覆蓋 (即取代原文件)、保存兩者 (即以不同檔名並存)。

當完成備份作業後，讓我們來看看在手機版上的剪映軟體，又該如何下載進行同步剪輯作業。

Step ❶ 啟動手機版剪映 APP

Step ❷ 點選雲備份 / 下方即可見剛才上傳的草稿文件 / 點選下載圖示即可

Step ❸ 點選繼續下載

說明：對於網路有流量限制的朋友們，需特別注意網路流量使用。

Step ❹ 返回至剪輯功能，即可繼續編輯

Step **5** 點選圖示，即可開啟編輯

第 5 節　批量管理

當檔案文件數量龐大時，我們可以批量管理方式來進行一次性備份與刪除作業，如此可簡化大量文件逐項備存管理作業程序。

🌀 第 1 項　批量雲備份

Step **1** 點選右側批量管理作業

Step 2 勾選欲備份的文件，點選備份草稿

Step❸ 同檔名重覆性多次備份，可依實際需求選擇覆蓋 或 保存兩者

Step❹ 即完成備份作業

 第 2 項 批量刪除

Step❶ 點選批量管理

Step 2 勾選欲刪除的素材 / 點選刪除即可

Step **3** 注意！刪除後是無法救回的，請確認後再行刪除

3

剪映視窗導覽

第 1 節　認識工作區

第 2 節　媒體視窗

第 3 節　播放器視窗

第 4 節　時間軸視窗

第 5 節　參數面版

開始我們的第一支影片創作，首先點選開始創作，即可進入剪映的主視窗，在此的視窗即是我們主要的編輯作業環境，因此我們必須先了解整體視窗架構與操作邏輯技巧。

第 1 節　認識工作區

1. 媒體、音頻、文本、貼紙、特效、轉場、濾鏡、調節為主要工具列，左側即為對應工具的次功能區，例如：媒體主功能，包含了本地、素材庫等次功能。而中央的導入視窗，為匯入素材的操作區，素材導入可包含 (圖片、影片、音樂、音效) 等類型。

2. 播放器：為影片後製編輯中，可隨時預覽成品的播放視窗。

3. 草稿參數：主要記錄草稿文件的作品名稱 (檔案名稱)、存放位置、導入方式等資訊記錄。

4. 時間軸：為素材 (圖片、影片、音樂、音效) 匯入後，主要編修後製位置。

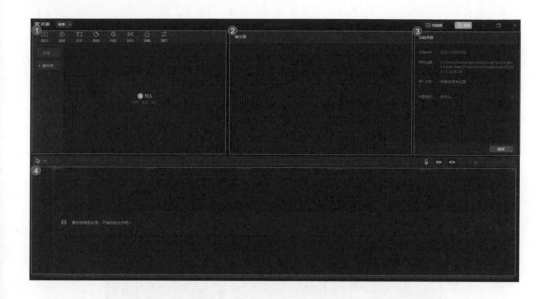

第 2 節　媒體視窗

點選開始創作後，預設即是媒體視窗，在此主要提供創作者將所須要的素材，先完成導入後，再開始進行創作。

視窗中所見即是導入素材後縮圖，點選任何一個素材，即可於右側播放器預覽素材的內容與時間資訊。

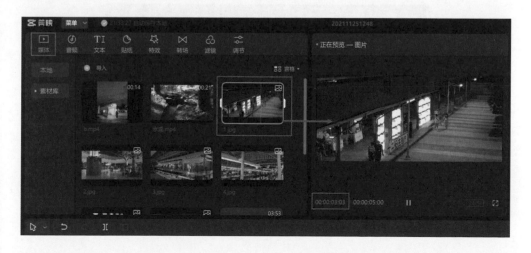

Step ① 工具操作邏輯：文本 / 新建文本 / 收藏 / 選擇喜愛的類型

說明：依據不同工具，顯示對應次功能與相關設定，只要遵循如圖 1-2-3 所示順序步驟，即是剪映工具操作技巧。

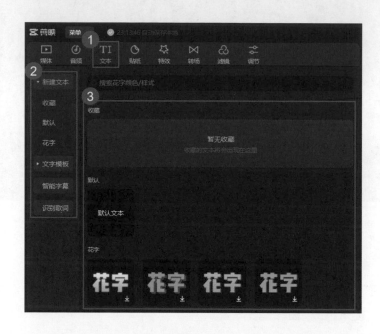

Step ② 例如：貼紙 / 貼紙素材 / 添加到軌道 (1-2-3 步驟) 操作口訣

第 3 節　播放器視窗

第 1 項　播放預覽

當我們在時間軸進行後製設計時，我們可以隨時透過播放器視窗，觀看所剪輯的內容、轉場特效、音效、文本等編輯後的效果，並且在播放檢測中隨時修正調整設計內容。

而時間資訊主要呈現，目前停駐的時間點及影片的總時長。

Step ❶ 播放預覽操作說明：移動時間線 / 即可於視窗預覽

Step ❷ 時間資訊說明：目前停駐時間 影片總時長

說明：

1. 目前影片停駐時間點：時：分：秒：幀率 /FPS ，如圖所示：意即目前播放器中所預覽的內容停駐在，03:05(03 秒 05 幀) 的位置處。幀率即是我們所謂的畫格率，預設每秒 30 畫格 (Frames Per Second)。

2. 影片總時長：(時：分：秒：幀)，如圖所示意即目前影片總時長為 12:25(12 秒：25 幀)。

第 2 項　影片比例

影片比例是指，當影片完成最後設計並導出時，所決定的視頻比例大小，例如：影片最終要放置在 Youtube 則會建議以 **16:9** 做輸出比例，若是輸出至抖音則會建議以 **9:16** 做為輸出比例，因此輸出比例，是以最後要發布到哪個社群媒體平台為主要考量設計。

Step① 點選原始／選擇適用的比例／如：**16:9**

Step 2 若是為抖音發布，則建議選擇 9:16

第 3 項 預覽視窗大小

Step 1 點選全螢幕視窗 / 放大播放

Step ② 點選縮放還原視窗，或按下 ESC 鍵即可

第 4 節　時間軸視窗

時間軸視窗，為我們主要後製編輯的作業區，當素材由媒體導入後，接續即是安排時間軸接下來後製編輯的所有流程設計，因此我們必須將時間軸的觀念先詳細了解，而後才能操作自如。

Step ① 點選欲編修的素材 / 時間軸專屬編修工具

說明：記得操作中，必須先點選欲編修的素材後 (呈白色外框)，再進行工具操作。

Step ② 常用工具位置

說明：其工具包含最常使用的撤消 (復原 Ctrl+Z)、分割 (Ctrl+B)、刪除 (Delete、Backspace) 等常用編輯功能。

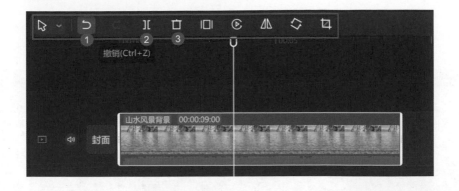

第 5 節　參數面版

所謂的參數，即是我們所說的屬性設定，例如：當我們應用工具旋轉時，只能以手動方式旋轉無法精準調整到我們想要的角度，此時必須藉由參數面版以數值方式輸入，才能完成精準設計效果。

如圖所示，依素材類型不同 (圖片、影片、音樂音效)，參數面版也會不同，主要提供創作者以精準數值方式完成各項參數設定應用。

Step ❶ 圖片參數面版：點選圖片素材 (呈白色外框) / 右側即為對應的參數面版

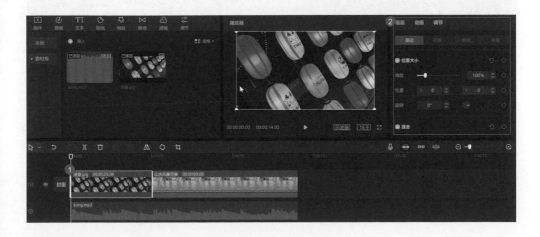

Step ❷ 視頻參數面版：點選視頻素材 (呈白色外框)/ 參數面版

說明：視頻素材多了音頻、變速等參數設定

Step ❸ 音頻參數面版：點選音頻素材 (呈白色外框)/ 參數面版

說明：音頻參數僅有基本與變速功能設定。

Step❹ 貼紙參數面版：點選貼紙素材 (呈白色外框)/ 參數面版

Step❺ 文本參數面版：點選文本素材 (呈白色外框)/ 參數面版

說明：由此可知即是依不同的素材，提供對應更進階的參數設定管理。

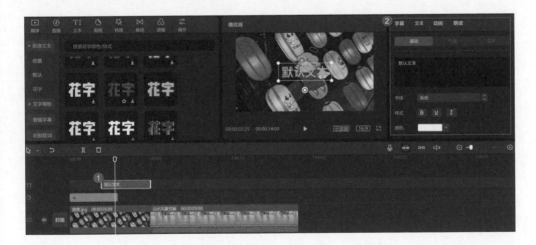

4

媒體素材與時間軸

第 1 節　影片後製流程

第 2 節　導入素材

第 3 節　增刪素材

第 4 節　縮圖識別

第 5 節　時間軸安排

第 6 節　順序調整

第 7 節　影片比例

第 1 節　影片後製流程

首先我們必須先將準備好的素材導入到剪映，而後再開始進行相關的編輯設計。然而導入素材前，在第 1 章第 2 節中，我們曾提到，先將需要創作的素材以資料夾匯集後，再一次導入剪映進行創作設計，如此才能確保素材的完整性與後續維護管理的正常，請務必確實執行。

第 2 節　導入素材

在此導入素材可分為兩類型，**本地**即是匯入本機電腦的素材內容，而**素材庫**是指由剪映提供的各類型影片片段，可直接免費套用到影片中的素材資源。

第 1 項　本地素材

首先我們將已匯整至資料夾的素材，直接導入進行操作，在此導入可分為三種方式，各位只要熟悉一種操作即可。

1-1　方式一：直接點選導入

Step❶ 點選導入

Step 2 指定已匯集的資料夾位置

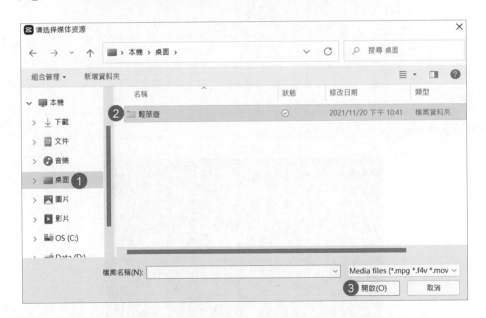

Step ❸ 框選需要的素材，點選開啟

說明：除了全部框選外，我們也可以進行部份選取，在此的選取有幾個技巧：

1. 連續選取：起點處左鍵一下，終點處可搭配 Shift 鍵 + 左鍵一下選取
2. 不連續選取：可搭配 Ctrl 鍵 + 左鍵一下選取
3. 全選：Ctrl+A

Step ❹ 完成導入作業

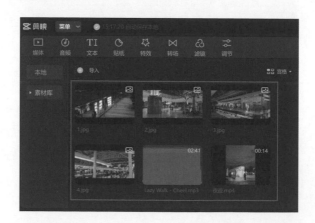

1-2 方式二：由菜單 / 文件 / 導入

而後接續方式一 Step2-Step4 步驟完成設定即可。

1-3 方式三：快速鍵 Ctrl+I

而後接續方式一 Step2-Step4 步驟完成設定即可。

第 2 項　素材庫應用

豐富的素材庫資源，提供我們在影片中可加入許多趣味性片段鏡頭，如：轉場片段、搞笑片段、空鏡頭等，而這類型片段元素適時穿插在影片中，能夠引發不同的視覺效果刺激，進而提升影片觀看時間與完播率，是影片創作中很重要的心法。

Step❶ 媒體 / 素材庫 / 轉場片段 (適用於片段間的轉場素材)

Step❷ 搜尋適合生活類，如：人物

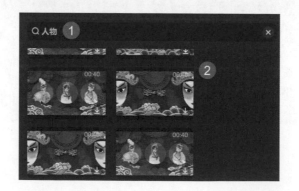

Step 3 搜尋適用節慶類,如:新年

Step 4 搜尋特效應用類,如:綠幕。類型非常多樣化,朋友們可以試試。

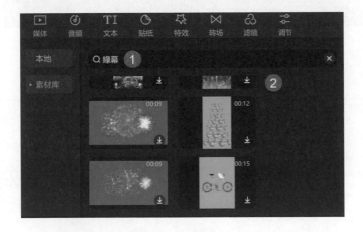

第 3 節　增刪素材

隨著影片編輯過程中,如何隨機增加素材內容,以及將不再需要使用的素材,於媒體庫刪除,接續我們來看看如何進行相關設定。

第 1 項　增加素材

Step 1 媒體 / 本地 / 導入

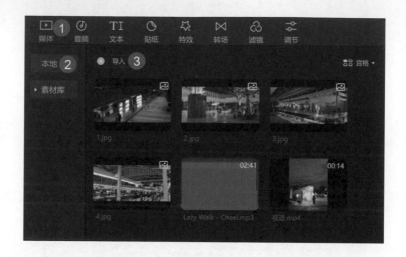

Step 2 指定素材位置 / 確認檔案名稱 / 開啟

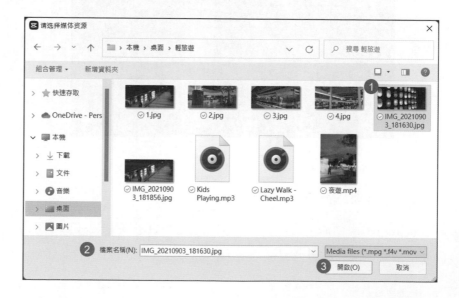

Step 3 注意剪映支援的檔案類型

說明：剪映不支援的檔案類型，則無法匯入。

第 2 項　刪除素材

Step 1 素材位置 / 點選右鍵 / 刪除

Step ② 確認刪除後，該操作將無法復原

說明：媒體素材刪除，此處的刪除僅是在媒體視窗中的列表刪除，並不會刪除實體檔案。

Step ③ 注意已添加至時間軸的素材，刪除後會造成時間軸的內容同步刪除

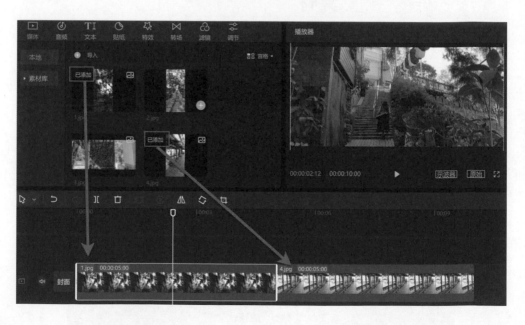

Step 4 例如：於素材上點選右鍵 / 刪除

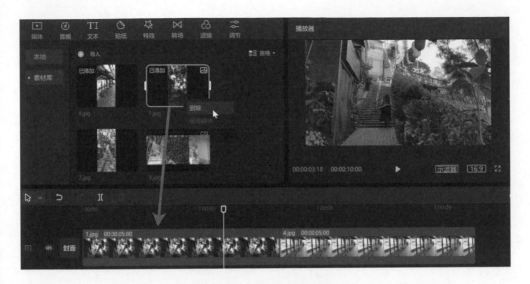

Step 5 注意提示，刪除後時間軌內容一併刪除，確定

Step 6 時間軌上的素材已同步刪除

第 4 節　縮圖識別

匯入後的素材，我們可以透過素材圖示的右上來識別素材的類型，以方便我們在進行時間軸設計，能夠更準確的選取素材並進行創作設計。

讓我們來看看縮圖的識別方式：

1. 照片、圖像素材：右上方為方形圖示，如圖為 *.JPG 圖片類型。

2. 音樂音效素材：右上方為音樂時長 2 分 41 秒。

3. 影片素材：右上方為影片時長 00:14 秒，同時也有畫面縮圖，這類即屬影片素材，如圖為 *.mp4 檔案類型。

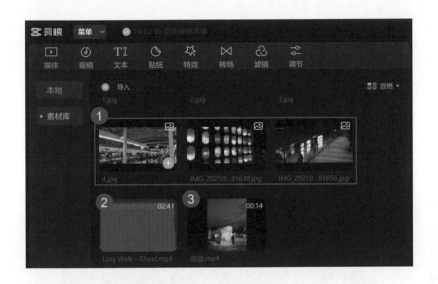

第 5 節　時間軸安排

所謂的時間軸，即是將我們準備的素材，結合想要呈現的故事情節，將素材依先後順序置入，並且進行後製剪輯，進而傳達我們要想呈現的情境氛圍與詳細的故事內容。

因此當我們在進行素材置入到時間軸時，我們可以先構思，想要呈現的故事情節與橋段，而後再決定素材進場的先後順序，如此對於影片內容呈現將會更具有溫度與故事性的傳達。

以下分別說明幾個常用的素材置入技巧，特別注意的是，在選擇並置入素材時，我們就可以決定進場的先後順序，如此可減少再次調整順序的問題。

第 1 項　⊕號置入

在點選⊕號置入時，有幾個小技巧與朋友們分享，首先將時間線決定要放置的位置，而後再按＋號，如此才能依據我們想要的放置的位置正確插入。

Step ❶ 設定時間線位置，點選 + 置入素材

說明：將時間線移至起點處 00:00:00，於素材圖示右下角點選 + 即可置入

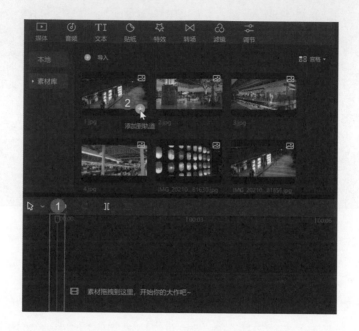

Step ❷ 將時間線移至素材 1/2 後方，系統即依**時間線向後置入**

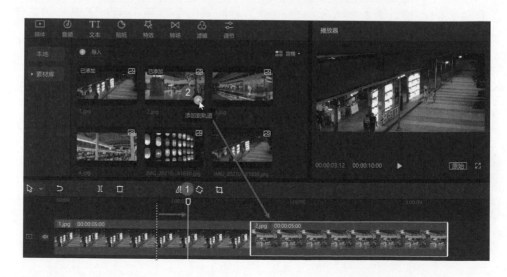

Step ❸ 將時間線移至素材 1/2 前方，系統即依**時間線前方**置入

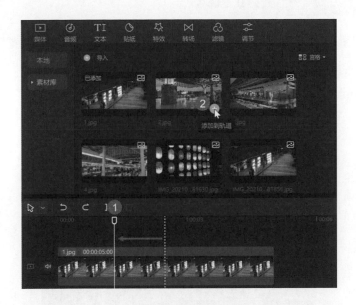

Step ❹ 因此時間線停駐位置，決定素材置入的方向

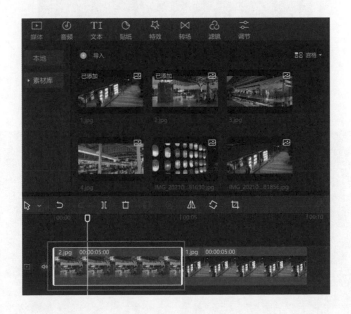

🌀 **第 2 項** 左拖拉置入

左拖拉素材置入，其實是最直接也最快速的置入方式，放置的位置隨著左拖拉即可決定。

Step ❶ 左拖拉素材，至時間軸軌道即可

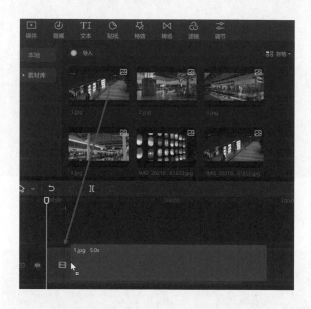

Step ❷ 也可以框選後一次拖拉置入

第 3 項　批量置入

當我們所要置入的素材量較大時，我們不妨在選擇時就決定進場順序，而後一次左鍵拖拉置入，其實還有個小技巧，即是在檔案名稱上若是能有循序的編號，其實系統也會自動依檔案名稱，自動完成時間軸上的素材順序，如此可以減少再次調整順序的問題。

Step ❶ 批量框選後，一次拖拉置入

說明：系統會依據檔案名稱順序置入時間軸

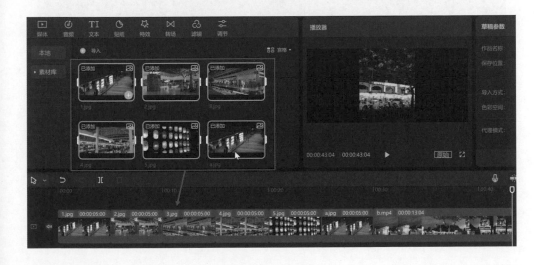

Step ❷ 依自己的選取，決定進場順序

說明：如果我們希望 進場順序為 a.jpg、b.mp4、1.jpg、2.jpg、3.jpg 等，則我們可以利用 Ctrl+ 左鍵一下點選，依上述的順序選取素材，而後再由左鍵拖拉置入。

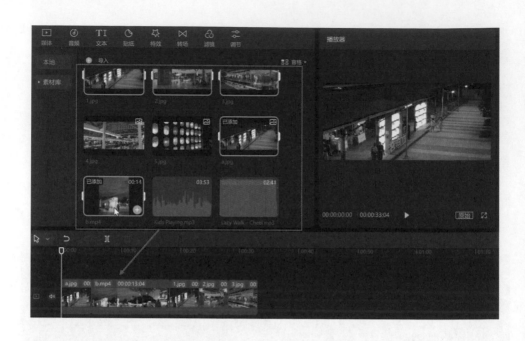

第 6 節　順序調整

如何重新調整時間軸上的素材順序，我們可以直接拖拉素材，即可移動；或是選取後再批量移動來調整順序。

Step ❶ 左鍵拖拉移動即可

Step 2 批量選取後 (Ctrl+ 左鍵一下，不連續選取)，左鍵拖拉移動

第 7 節　影片比例

在開始進行所有的後製作業前，我們必須先清楚確認，這次創作後的作品是要分享到什麼平台？什麼社群媒體？如此才能決定影片發布的最佳尺寸。

在此有兩種比例觀念要先了解，一是影片最終導出的視頻比例，二是素材的比例，在設計時，這點請各位務必要清楚。

所謂的影片比例，即是指影片最後導出 *.mp4 時，所決定的視頻比例，然而我們必須在一開始設計時，就要清楚確認。

例如：要發布到 Youtube(16:9)、抖音或 Tiktok(9:16)、另外為使 FB 與 IG 發文同步則會以 (1:1) 來設計，而直式影片 (4:5)，橫式影片 (16:9) 等，各平台規範均不相同。

在此的影片比例，由你**置入時間軸的第一張素材決定**，即是若是第一張素材為橫式，則影片比例預設即為橫式 **16:9**，反之即為直式 **9:16** 版面。

Step ① 直式素材置於第一順位，則影片比例即為直式

Step ② 橫式素材為第一順位，因此影片比例也就決定了橫式的結構。

Step 3 預設為原始比例，若是影片最終要發布至 Youtube，則需改為 16:9

Step 4 注意素材呈現的狀態

在此特別注意的是，在我們導入素材到時間軸時，會有直拍與橫拍素材的問題，如圖所示，素材 2 因為為直拍素材，而我們將影片設定為 16:9 時，則會有左右黑色背景的問題產生，這部份我們會在下個章節來討論。

5

時間軸技巧

第 1 節　時間軸縮放

第 2 節　關閉原聲與靜音

第 3 節　時間線

第 4 節　多軌道設計

第 5 節　吸附功能

第 6 節　開啟 / 關閉聯動

素材匯入後，開始進行時間軸編修時，我們會隨時依編輯需求縮放軌道顯示比例，以進行精準剪輯；另外除了圖片、影片、音樂、音效素材外，當我們加入由剪映提供的音頻、文本、貼紙、特效、轉場等，在時間軸又會呈現什麼樣的格式狀態，讓我們先來詳細了解。

第 1 節　時間軸縮放

在編輯作業中，如何快速縮放時間軸的檢視，在此我們可以利用以下幾個技巧：

Step ① 縮放工具：⊕放大拉近、⊖縮小拉遠

快速鍵應用：拉近放大 **Ctrl** ＋、拉遠縮小 **Ctrl** －

滑鼠縮放技巧：**Ctrl** 滑鼠滾輪向上 (放大)、**Ctrl** 滑鼠滾輪向下 (縮小)

Step ② 左右方向鍵：上一幀←、下一幀→

我們可以將時間軸放至最大化，此時時間刻度單位即為 **Fps** 幀率，來觀看左右移動變化，此項技巧主要應用在進行影片精準剪輯時的操作控制。

第2節　關閉原聲與靜音

如何關閉我們預錄影片中背景聲音，在此可以2種方式來進行設定。

Step ① 關閉原聲 (最快速設定)

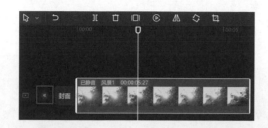

Step ② 或者是 點選素材 / 音頻 / 基礎 / 音量 / 向左調整至靜音

第3節　時間線

時間線所停駐的位置，即為播放器所見對應時間的影片內容。

如圖：播放器中 00:00:07:13 即為時間線所停駐的時間點，播放器即顯示對應的影片內容。

時間線移動，除了可利用滑鼠左鍵點擊外，也可直接應用**空白鍵 (開始 / 暫停)**，如同 Play 播放功能。

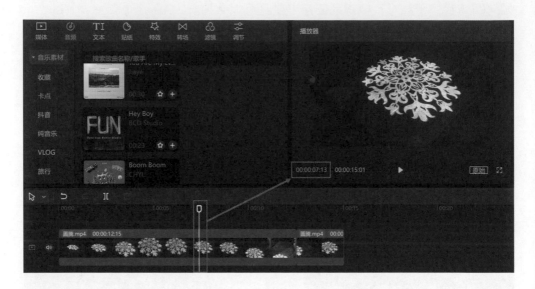

第 4 節　多軌道設計

由上一節中我們了解到，時間軸會因為需要應用的素材類型愈多，而堆疊愈多，然而在上下軌道間，其實存在著我們所謂的圖層結構觀念。

簡單的說即是置於愈上層的時間軌，其素材顯示即是最頂層，而置於最下層的時間軌素材，若是有重疊的時間區段，則會被上層的素材遮蔽住，因此愈上方即為置前的觀念，愈下方即為置後的觀念，我們可以以圖層邏輯來思考。

🌀 第 1 項　排列與播放

在此我們將多個素材安排至時間軌，並將部份內容進行重疊，查看在播放中將會如何呈現設計內容。

Step ❶ 時間軌未重疊處，即顯示目前素材內容

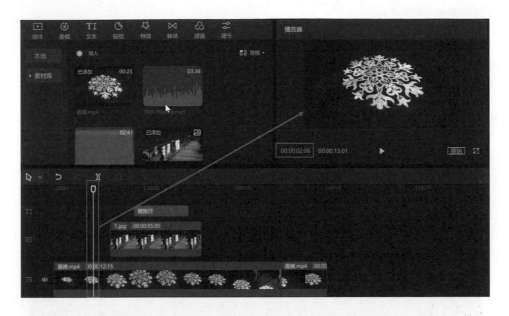

Step ❷ 時間軌重疊處，則最上層會遮蔽下層素材內容

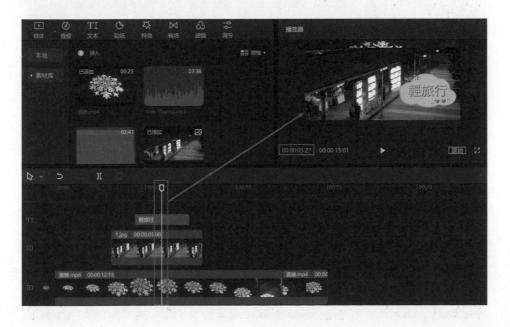

🌀 第2項　順序調整

我們只要以左鍵拖拉的方式，來移動上下軌道的順序，即可重新定義置前與置後的關連性。

Step ❶ 系統預設主軌道，其它素材自動向上堆疊，而音訊軌預設則是置於 (主軌道) 下層

系統預設主軌道

Step ❷ 我們可以左鍵拖拉移動至上層，依綠色提示線指示，即為放置的位置。

Step❸ 也可以向下拖拉移動，改變置前置後順序。

Step❹ 文本軌道素材，也可以左鍵拖拉上下移動改變置前置後順序

說明：時間軌所有素材，都可以自由的調整置前與置後的關係位置。

第 3 項　時間軸層級

在此特別說明，關於時間軸層級的屬性，必須在未開啟自由層級的前提下，才可自訂層級。

Step❶ 添加素材 1 到主軌道上

Step❷ 接續放入素材 2，拖拉移動至上層重疊時間軌

說明：在未選取任何素材的情形下，檢查自由層級是否為：未開啟，如此才可自訂層級順序。

Step ③ 點選上方素材 (呈白色外框)/ 畫面 / 基礎 / 向下捲動 / 即可見預設為層級 1

說明：此時可見層級 1 素材因為與主軌道重疊，所以只會顯示層級 1(最上層) 素材內容，因此得知當多項素材向上排列並且重疊時，只會顯示最上層的內容。

Step ④ 依序置入其它素材，上下排列重疊顯示，注意右側層級的屬性變化

說明：在時間軸結構中，如圖所示上方時間軸會遮住下方時間軸的素材內容。

Step ⑤ 我們點選最上方素材，並改變為層級 1，注意畫面中顯示內容變化

說明：主要應用在不異動時間軸順序的前提下，以層級功能，直接改變置前置後關係

🌀 第 4 項　自由層級

為了使時間軌道的順序更具活用性，我們可以啟用自由層級功能，啟動後則所有素材 (文本、圖片、視頻等) 都可以自由拖拉改變時間軌的排列順序，但需特別注意的即是，開啟後則無法再關閉，並且層級自訂功能也自動消失無法使用，關於這點在設定前請特別注意。

操作規則，首先在不點選任何素材前提下，於草稿參數面版中，即可見自由層級設定，點選修改即可進行啟動，設定後並保存即可。

Step ① 若需手動自由拖拉時間軌順序，則必須開啟自由層級屬性，點選修改

說明：在不選取任何素材前提下，於草稿參數面版中即可見自由層級功能。

Step **2** 開啟自由層級，點選保存

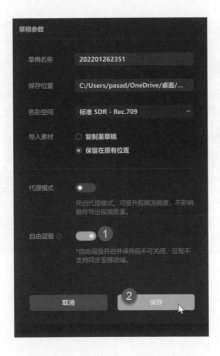

Step ③ 此時顯示自由層級：已開啟

Step ④ 文本素材也可以自由穿插在視頻素材間，自由調整時間軌順序

第 5 節　吸附功能

吸附功能為緊貼素材間的接合處，以減少不必要的空隙產生，開啟為系統自動
吸附貼齊，關閉則由使用者手動調整欲保留的素材間距，而不自動吸附貼齊。

Step 1 關閉吸附功能

說明：關閉吸附功能後，素材間可自由預留保存的間隙，形成片段的間隔，不過記得此項功能僅限於預設時間軸以上的素材有效，而在系統預設的時間軸上，仍會自己吸附貼齊前後素材。

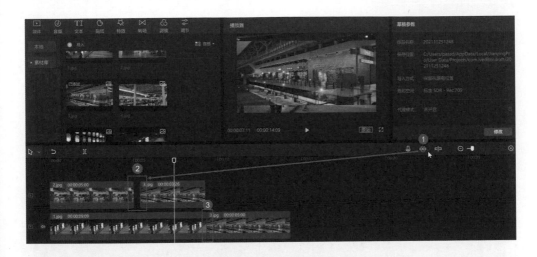

Step 2 開啟吸附功能，移動素材，自動吸附貼齊

第 6 節 開啟 / 關閉聯動

所謂的聯動功能開啟，主要應用於當我們將主軌道上的素材刪除時，則上方的文本、貼紙等素材也會一併被刪除，因此若是希望不要聯動刪除，則我們必須將此功能進行關閉即可。

Step ❶ 系統主軌道上方並列著文本、貼紙素材，聯動工具目前為開啟模式

Step ❷ 主軌道上按右鍵 / 刪除

Step 3 主軌道素材刪除後，則上方文本、貼紙素材一併刪除

Step 4 復原剛才刪除，讓我們先來關閉聯動工具

Step ⑤ 再次於主軌道上 / 右鍵 / 刪除 (注意素材選取狀態，僅有主軌道選取呈白色外框)

Step ⑥ 則主軌道素材刪除後，文本、貼紙素材並未同步刪除

6

媒體功能詳解

第 1 節　比例縮放

第 2 節　複製與刪除

第 3 節　縮放與旋轉

第 4 節　裁剪與鏡像

第 5 節　位置設定

第 6 節　組合與取消組合

第 7 節　封面設計

了解時間軸中常用的基本控制操作後，接續我們來看看如何將時間軌上的素材來進行幾個常用的縮放與旋轉、複製與刪除、裁剪與鏡像、精準位置設定等各式常用技巧。

第 1 節　比例縮放

在此的比例縮放是指素材的比例，即是圖片、影片等素材的比例調整。由於我們決定了影片的輸出比例，則置入的素材又該如何解決黑色區域的問題，讓畫面看起來可以更具有整體一致性風格。

我們來看看幾種常用的設計手法：

第 1 項　縮放大小

由於影片比例我們設定為 16:9，但雖然是橫拍素材，仍可見會有上下黑邊產生，此時我們可以縮放素材設定全螢幕。

Step 1 點選素材 / 裁剪

Step 2 點選 16:9/ 調整欲呈現的畫面位置 / 確定

說明：設定後於上方白色框線內，左鍵拖拉移動，調整自己想要呈現的畫面位置即可。

Step 3 則上下黑邊即消失

第 2 節　複製與刪除

第 1 項　複製素材

相同片段內容，我們可以利用複製功能直接拷貝，而後再進行編修。

Step 1 點選素材 (呈白色外框) / 右鍵 / 複製

Step 2 移動時間線 (白色線) 至所需要的時間位置 / 右鍵 / 粘貼

Step 3 貼上後的素材，自動新增一時間軌，自由移動至所需時間位置即可

第 2 項 刪除素材

Step 1 點選不必要的素材 / 右鍵 / 刪除

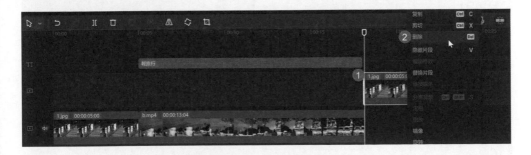

Step 2 即完成刪除作業

第 3 節　縮放與旋轉

素材置入後，我們可以自由調整素材顯示比例與旋轉角度，來呈現不同的視角
與影片風格。

第 1 項　縮放設定

Step 1 手動縮放白色控點

說明：選取欲縮放的素材／移動時間線於該素材區段／四個白色端點即為縮放
控點

Step② 精準設定縮放比例

說明：依數值比例設定，可精準統一所有素材的大小標準。

⑤ **第 2 項** 旋轉設定

Step① 工具旋轉：選取素材 / 移動時間線於該素材區段 / 點選旋轉工具

Step ❷ 手動旋轉：選取素材 / 移動時間線於該素材區段 / 手動旋轉控點

Step ❸ 精準旋轉：選取素材 / 移動時間線於該素材區段 / 輸入旋轉角度 / 或是 縮圖手動旋轉。

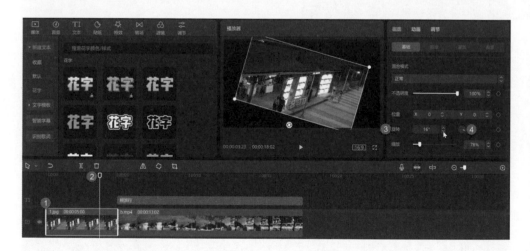

第 4 節　裁剪與鏡像

在此的裁剪即是指將素材進行 (16:9 或 9:16) 比例裁剪，而鏡像即是我們所謂的左右翻轉定義。

第 1 項　裁剪比例

Step 1 選取素材 / 移動時間線至該區段 / 裁剪

Step 2 選擇所須裁剪比例，移動白色框架至想要顯示位置，確定即可

Step ③ 裁剪後若需要全螢幕顯示，注意縮放尺寸需調整至 100

⑤ 第 2 項　鏡像

鏡像功能除了校正影像左右翻轉之外，我們更可以透過鏡像來設定不同類型的視頻創作。

Step ① 左右鏡像 (左右翻轉影片)

有時因拍攝時的方向不同，我們可以利用鏡像、旋轉等來重新調整影片方向。

Step 2 鏡像影片創作，先複製相同素材

先將相同素材複製，而後進行左右鏡像，分別置於左右兩側，形成對比性的影片特效

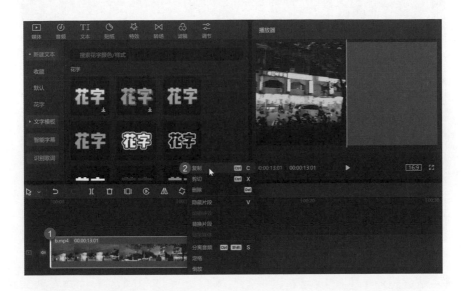

Step 3 右鍵點選貼上

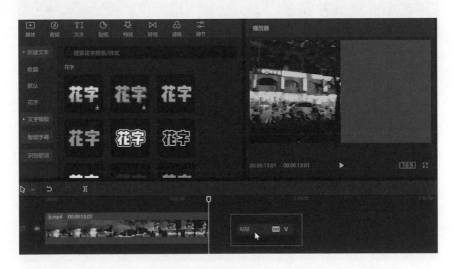

Step❹ 將時間軌並列，並將素材 2 移至右側位置，形成左右各佔 1/2 比例

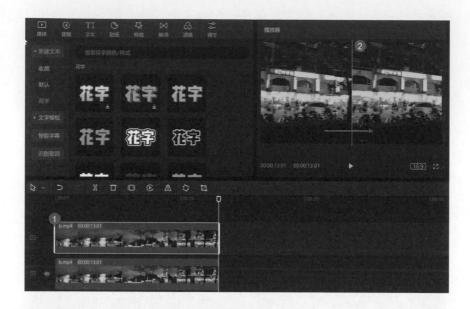

Step❺ 點選鏡像，即完成左右鏡像影片設計，完成後播放影片觀看效果。

第 5 節　位置設定

若要將畫面中的素材，以精準的位置呈現，尤其是多個素材需要同時調整時，則會建議以位置工具 X、Y 設定才能統一所有素材的標準顯示位置。

第 6 節　組合與取消組合

片段組合功能，提供朋友們在進行多個素材編修時，能夠以群組集合後的型態來進行移動編輯，簡化每次都需要重新再次選取的操作程序。

Step ❶ 以 Ctrl+ 左鍵點選需要組合的素材 (可以跨時間軸選取)

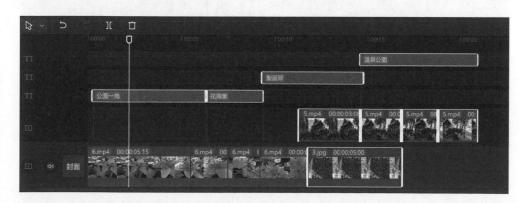

Step ② 右鍵點選創建組合，或是快速鍵 Ctrl+G

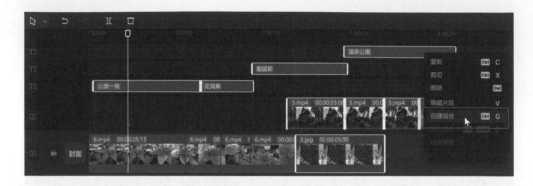

Step ③ 於素材上方呈現組合圖示，左拖拉移動即可組合移動

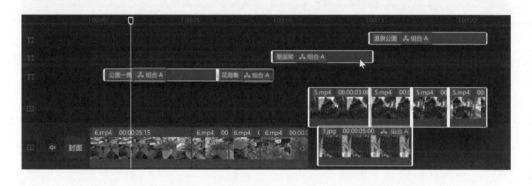

Step ④ 再次按右鍵，即可解除組合設定 (快速鍵 Ctrl+Shift+G)

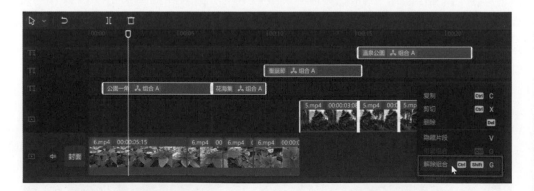

Step 5 完成取消組合設定

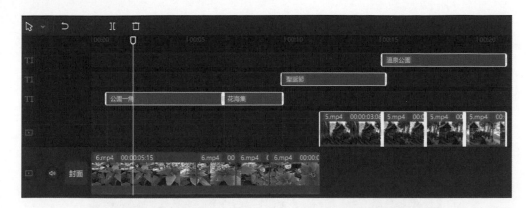

第 7 節　封面設計

利用封面設計，來創建具有個人化風格的視頻封面包裝。除了可以直接指定影片中的視頻幀做為封面設計，也可以直接導入本地素材，來做為封面設計頁，此外更提供大量的模版可直接修改套用，呈現更具專業風格的封面包裝。

Step 1 點選封面

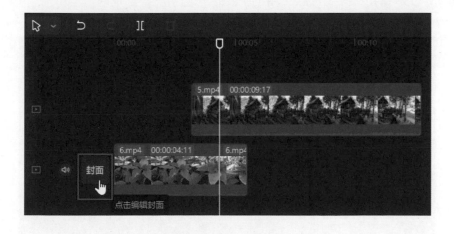

Step ② 點選視頻幀／左鍵點選移動時間線（黃色線段）／去編輯

Step ③ 點選模板／選擇喜愛的類型／下載套用／可裁剪編修圖片

Step 4 完成裁剪

Step 5 即可將素材進行視角的拉近，呈現更精緻的畫面比例

Step 6 修改文字內容與格式

Step 7 或是加入文本特效素材

Step 8 完成設置

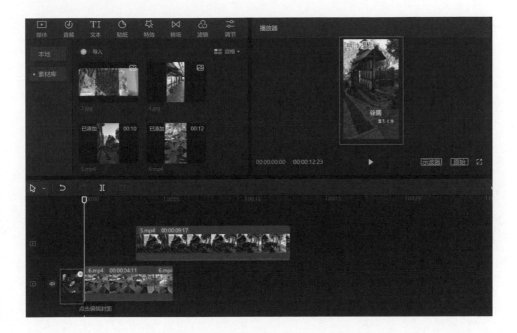

7

音頻提取導入

第 1 節　導入本地音頻

第 2 節　音頻素材庫

第 3 節　音效素材

第 4 節　音頻提取

第 5 節　抖音收藏

第 6 節　鏈接下載

你是否常常為了尋找影片的背景音樂而苦惱，剪映中的音頻功能，免費提供大量且豐富的素材庫資源，讓你輕鬆且快速完成背景音樂、配樂、音效等創作。

在此的音頻除了可以匯入本地音頻外，更可將其它視頻中的音頻提取套用，以及擷取來自抖音收藏的音樂，還有透過鏈接直接下載音樂等，非常貼心且實用的工具管理。

在此特別強調說明，在剪映中的音樂素材套用後，針對版權的適用性，只能發布到抖音、西瓜視頻、今日頭條等，若是要發布至其它社群媒體，即會有音樂版權警告聲明，這點務必特別注意。

因此若是需要將音樂發布到其它平台，我們在第 1 章第 3 節中免費音樂素材中有提到，如何下載無版權音樂應用，各位可以返回參考操作說明。

第 1 節　導入本地音頻

如何將已下載至本機電腦中的音樂、音效檔案導入，並套用至時間軌完成背景音樂設計。

Step 1 點選媒體 / 導入

Step ❷ 框選已下載的音樂素材 / 開啟

說明：在此我們以 Youtube 免費音樂素材為例，做為背景音樂設計。

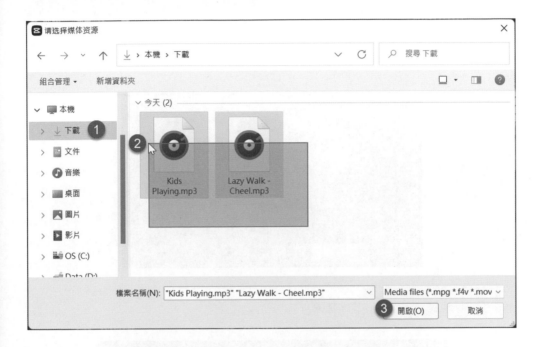

Step ❸ 導入完成

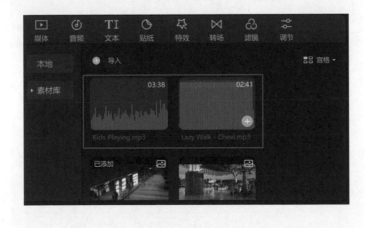

第2節 音頻素材庫

在音頻素材庫中,左側依音樂情境分類,可快速檢索適用的曲風加入時間軌中進行創作。

Step❶ 音頻 / 卡點 / 下載音樂

Step❷ 下載後即可添加至時間軌

第 3 節　音效素材

所謂的音效最常應用即是在影片片段中所穿插的笑聲、鼓掌聲等，為搭配畫面某些片段，所加入的罐頭音效技巧。

Step❶ 點選音效素材 / 笑聲 / 自選音效 / 下載音效

Step❷ 下載後加入時間軌，進行特殊音效設計

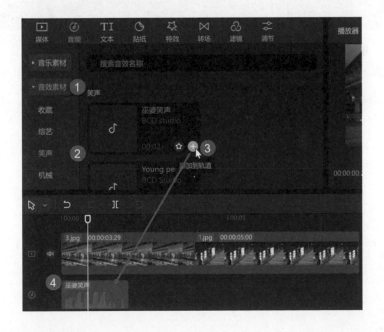

第 4 節　音頻提取

音頻提取即是指我們可以將影片內的聲音透過音頻提取後，獨立成音頻檔案做為影片創作或是素材收錄的工具應用。

Step ❶ 點選音頻 / 音頻提取 / 導入 (我們所要提取的素材檔案位置)

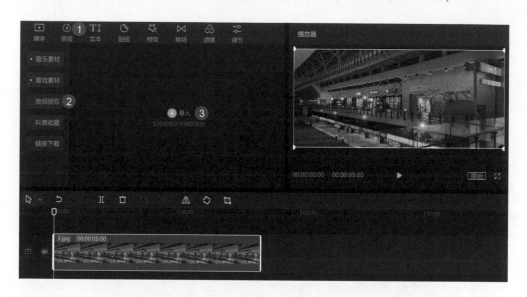

Step ❷ 選取要導入的媒體素材 (在此我們導入一段視頻來擷取音頻)

說明：開啟該素材 *.mp4 後，即自動完成提取音頻檔案

Step 3 完成提取後，可直接添加至時間軸

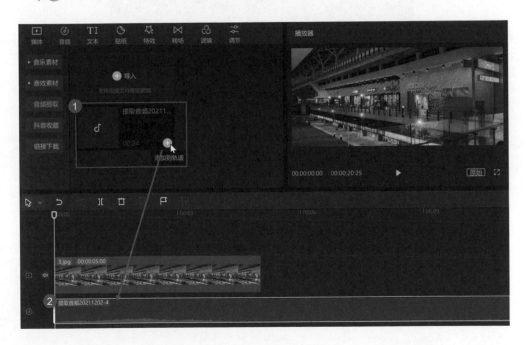

第5節 抖音收藏

有在玩抖音官方版的朋友們不難發現，在抖音中有著更多更豐富的素材庫資源，除了提供朋友們在線即時創作發布短視頻外，更結合了剪映的應用程式可直接收藏來自抖音的音樂素材，自由收錄更多更豐富的音樂資源。

Step **1** 點選音頻 / 抖音收藏 / 抖音登錄

Step **2** 使用手機抖音 APP，掃描 QR Code 完成登錄

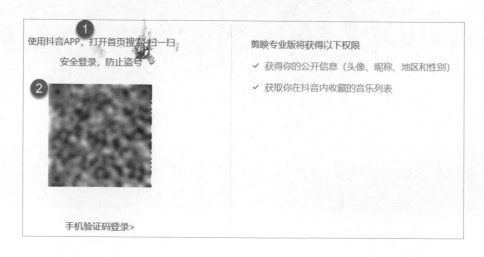

Step ❸ 開啟手機版抖音 APP/ 首頁 / 右上角放大鏡

Step ❹ 點選掃一掃

Step⑤ 掃碼 (即可用於掃 QR Code)

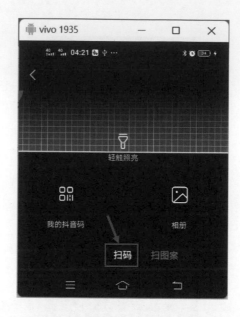

Step⑥ 此時即會匯入抖音所收藏的音樂素材 / 下載即可

Step 7 試聽播放

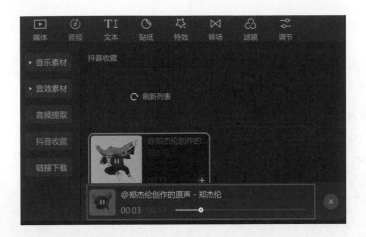

Step 8 點選添加至軌道

第 6 節 鏈接下載

Step ① 點選音頻 / 鏈接下載 / 貼上音樂鏈接的網址

Step ② 網址列位置全選 (呈全部藍色) / 右鍵 / 複製 (可連結至抖音官方網頁版搜尋)

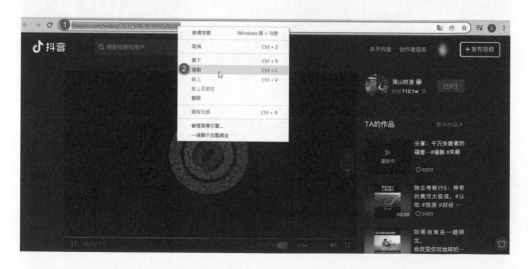

Step 3 或是 點選右下方 / 分享 / 複製

Step 4 返回剪映下 / 音頻 / 鏈接下載 / 點選右鍵 / 粘貼 / 下載

Step **5** 開始解析音頻

Step **6** 音頻 / 鏈接下載 / 添加到軌道

8

剪輯與分割應用

第 1 節　剪輯流程

第 2 節　常用剪輯技巧

第 3 節　分割工具

第 4 節　批量移動

第 5 節　縮放時長

第 6 節　多軌道分割

第 7 節　直接分割

什麼是剪輯？所謂的剪輯即是將鏡頭所補捉到的影像、聲音等進行篩選、修剪的過程；並利用視覺語法呈現觸動觀眾內心的情感、或具娛樂、啟發意義等所表達的一連串視覺呈現過程。

第 1 節　剪輯流程

從鏡頭的腳本拍攝到後期的剪輯製作其實都有著一系列專業標準作業流程，這當中包含依劇本進行剪輯，依情境氛圍、劇情畫面、加入轉場、配樂、音效等，因此我們在定義剪輯作業時，除了刪減不必要的內容之外，最重要的是如何加入引發共鳴的相關素材元素，才是真正需要長期學習的視覺語法技巧。

然而這些技巧與構思都需要長時間學習與練習，因此我們以簡單的流程圖來說明，剪輯的基礎步驟，讓每位朋友都能輕鬆完成個人影片創作。

第 2 節　常用剪輯技巧

影片中我們該如何刪剪不必要的片段，例如：片頭、片尾、片中等相關刪除技巧，讓朋友們更簡單的了解剪輯工具的操作手法與應用技巧。

第 1 項　片頭刪除

所謂的片頭刪除即是指 00:00:00 起至某個時間點，這區段整個刪除。所以在片頭刪除時，我們必須找出欲刪除的**終止時間點**來進行分割。

片頭刪除

另外有一個錄製小技巧提供朋友們參考，一般如果我們直接按下錄影機後，會先有 5、4、3、2、1 倒數計時，然後靜音不說話 3-4 秒時間，之後再開始進行

錄製，主要目的是為使錄製前先有心裡準備，並且在後期剪輯時快速識別要刪減的起迄位置所在。

透過音頻軌道呈現水平靜止狀態，即是提示此區段前有片段需要刪除。如圖紅色區段需整段刪除。

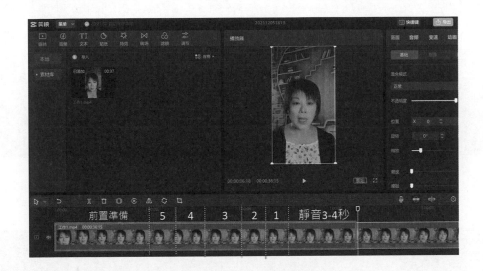

Step ❶ 搜尋欲刪除的終止時間 (如圖 06:18) 位置

說明：片頭刪除，我們必須找出自 00:00:00 起，到欲刪除的終止時間點 (我們可以利用空白鍵來進行播放與暫停控制)

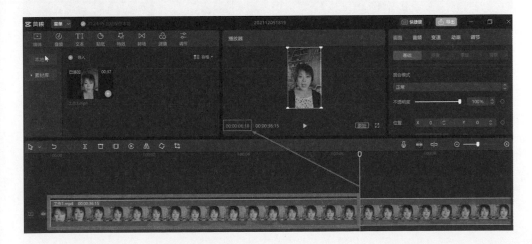

Step 2 點選素材 / 分割，此時會將影片切割成兩區段

Step 3 點選第一區段，按 Delete 刪除，後方素材會自動向前填滿

🔆 第 2 項　片尾刪除

而片尾刪除時，我們必須先找出欲刪除的**起始**時間點來進行分割，而終止時間即是到片尾。

片尾刪除

Step ❶ 搜尋欲刪除的起始時間 (如圖 18:28) 位置

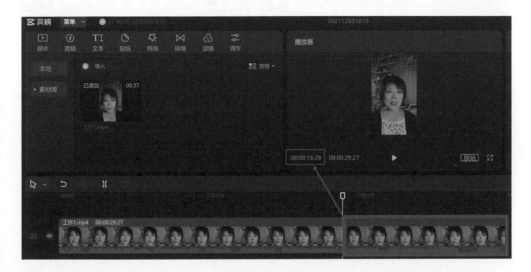

Step ❷ 點選素材 / 分割，此時會將影片切割成兩區段

Step **3** 點選片尾素材，並按 Delete 刪除

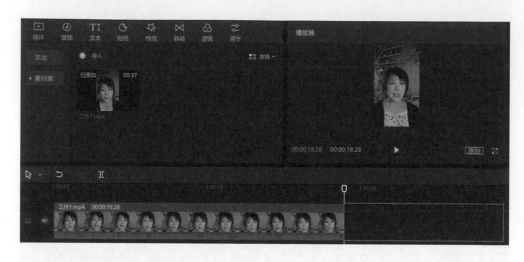

第 3 項　片中刪除

片中刪除我們必須找出該區段的**起、迄時間點**分別進行分割設定，而後才能進行刪除。

片中刪除

Step **1** 找出片段的**起始時間** / 分割

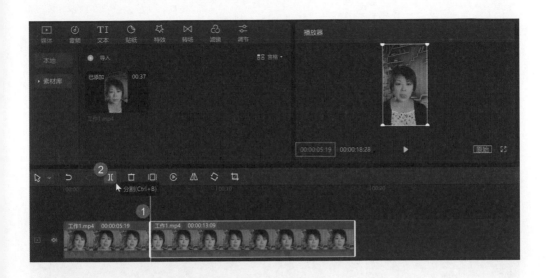

Step 2 找出片段的**終止時間** / 分割

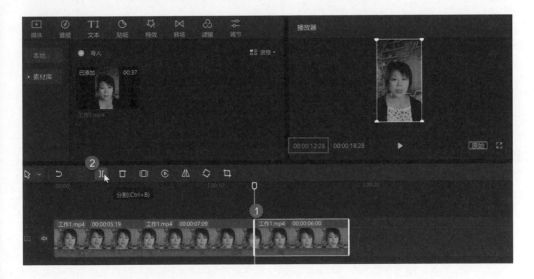

Step ③ 點選欲刪除的中間區段，按 Delete 刪除

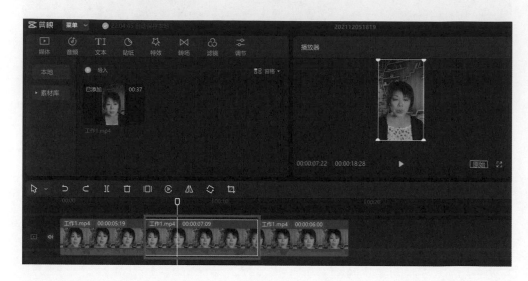

第 3 節 分割工具

在進行影片剪輯後製作業中，我們可以直接利用分割工具來進行影片切割作業，然而分割技巧除了利用工具操作外，也可直接利用快速鍵 **Ctrl+B**，或是將滑鼠指標直接進行選取與分割切換，以快速在編輯作業中進行即時工具轉換技巧，更可快速提升後製作業效率。

第 1 項 分割工具

直接點選工具列分割或按下快速鍵 **Ctrl+B**

第 2 項　滑鼠切換

Step 1 直接按下鍵盤 A 選擇、B 分割進行切換

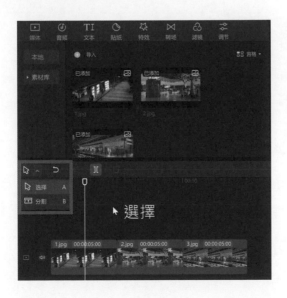

Step ❷ 按下 B 鍵切換成分割，依黃色參考線位置，於虛線提示直接點選即可分割完成

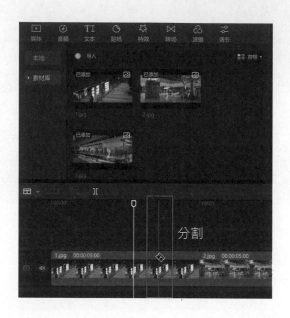

第 3 項　分割應用

分割工具的應用，除了刪減不必要的片段外，還有哪些剪輯設計需要在進行分割後才能順利執行呢？在此我們分別說明常用幾類型的剪輯技巧。

3-1　移動素材

將一段原始影片素材，進行多個片段分割後，再依故事舖陳需求，將數個素材重新排列組合，如此將不再受限循序播放的限制。例如：一段蛋糕烘焙的影片，最精彩最吸睛的片段一定是在蛋糕最後完成時的成品展示，如果我們將這個精彩的畫面，分割成獨立片段，而後複製至片頭做為影片宣傳的前導設計，肯定會更加吸引人們的目光與停留播放的時長，這即是移動素材的主要應用。

Step 1 原為一段素材

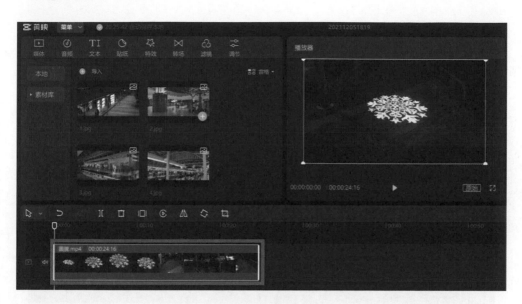

Step 2 分割成數個影片區段

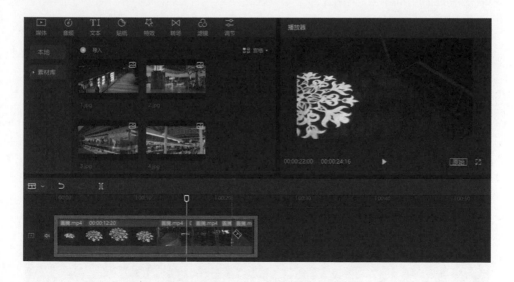

Step 3 點選欲複製的區段，右鍵 / 複製

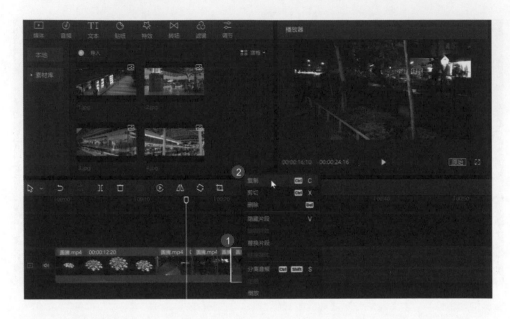

Step 4 移動時間線至起始處 / 右鍵 / 粘貼

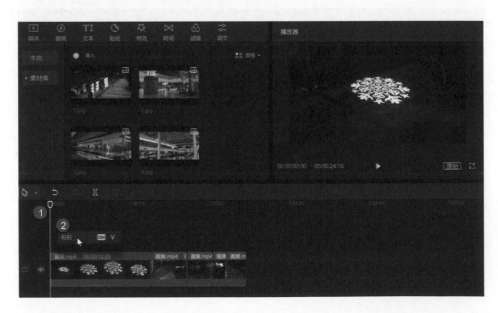

Step 5 左鍵拖拉移動位置，重新排列順序

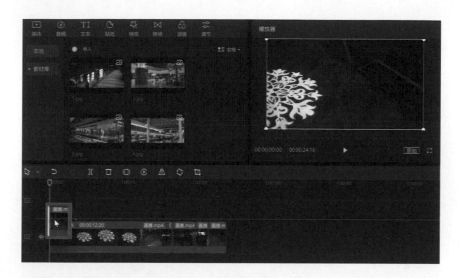

所謂的替換片段即是指，將區段的內容，依原片段的時長，重新指定新素材取代的功能設定。

Step 1 選擇獨立片段 / 右鍵 / 替換片段

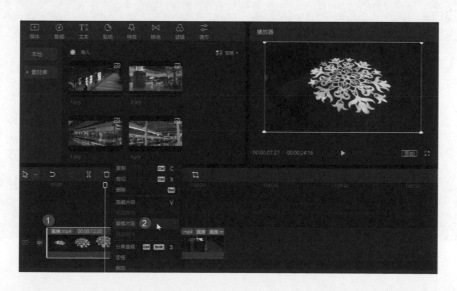

Step ❷ 選擇欲取代的素材

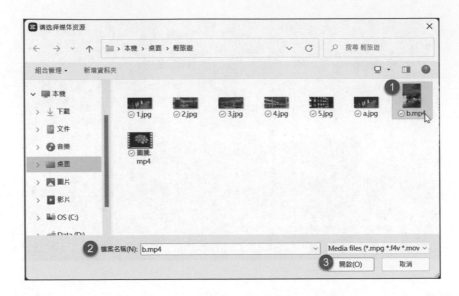

Step ❸ 依原片段的時長 12:20，左鍵拖拉移動要顯示的區段位置，點選替換片段。

Step ④ 我們也可以直接拖拉新素材，於時間軸重疊該片段後放開，來進行替換片段設定。

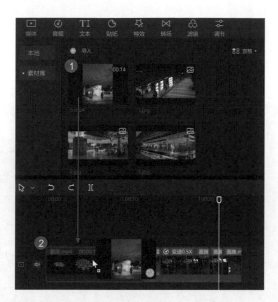

Step ⑤ 依原時長 12:20，調整欲顯示的片段位置，替換片段

第 4 節　批量移動

素材移動除了利用左鍵拖拉單一素材外，我們也可以批量選取後一次進行拖拉移動順序，以更快速更有效率完成編輯時間。

Step 1 利用 Ctrl+ 左鍵一下，點選多段素材

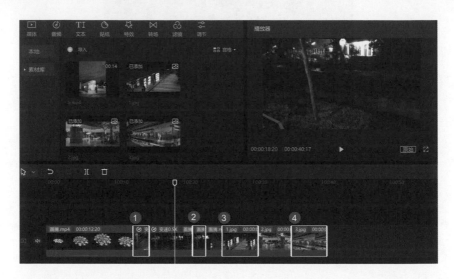

Step 2 左鍵拖拉移動至目標位置

第 5 節　縮放時長

如何改變素材的播放時間，在此我們分為三大類型來說明。有一重要觀念要先說明，即是圖片素材為靜態素材，可自由增加與減少播放時間，而視頻與音樂素材，是以**原素材錄製的時間**為主，只能刪減時間，是無法延長時間設定，這點請特別注意。

第 1 項　圖片時長

Step ❶ 系統預設每張圖片播放時間為 05:00 秒。

Step② 左鍵拖拉素材右側邊框處，即可自動延長或縮短時間

🔅 第 2 項　視頻時長

視頻時間是以原錄製的影片時間為主，不可能因為左鍵拖拉而延長時間，所以視頻只能刪減時間，無法延長時間。但特別的是所謂的刪減，並非真正的刪除，而只是隱藏而已，我們隨時可以再將原刪減的部份，再次回復，所以在後製中這點是非常方便的編修技巧。

Step ❶ 原素材的時長 24:16，無法延長

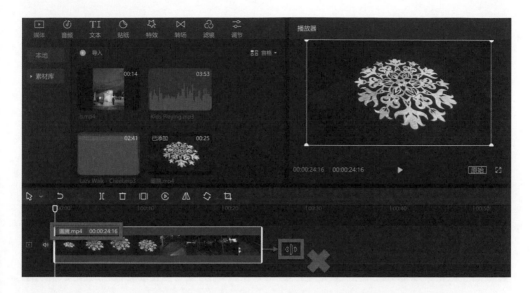

Step ❷ 向左拖拉移動即為刪除，當然也可以利用分割快速刪減片段

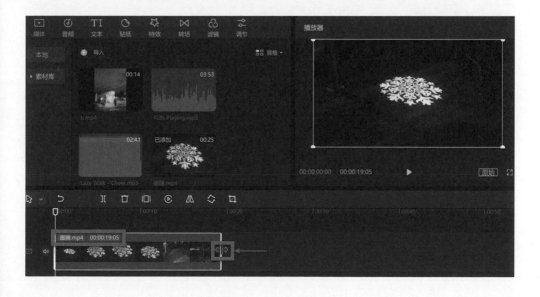

Step❸ 再次反向拖拉，即可回復原刪減的素材

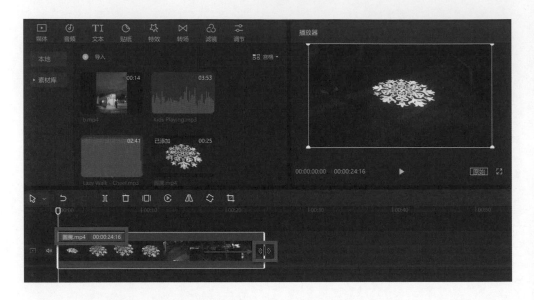

⚙ 第 3 項　　音樂時長

音樂、音效素材原理與視頻素材相同，依據原素材的錄製時間為最長時間，無法延長但可刪減。在此的刪減同樣的只是隱藏設定，所以只要反向拖拉即可再次復原素材內容。

Step❶ 移動時間線至音樂最後方，查看音樂時長為 03:52:04(3 分 52 秒)，左鍵拖拉無法延長

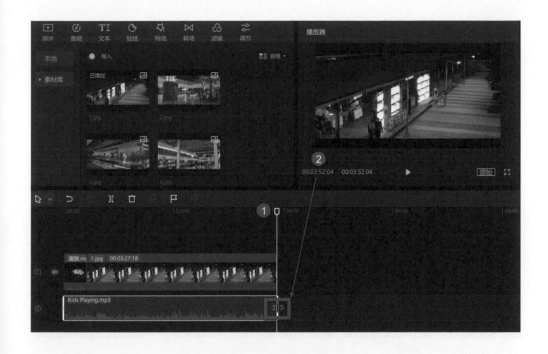

Step 2 向左拖拉即為刪減,當然也可以利用分割來進行刪減

第 6 節　多軌道分割

當時間軸重疊多軌道時，如何針對不同軌道素材來進行獨立分割片段，在此必須熟練選取技巧。

Step❶ 先移動時間線至分割起始時間，點選欲分割的素材呈現白色外框

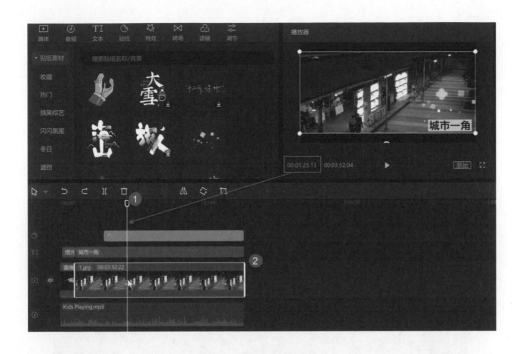

Step 2 點選分割 (不會連動到上下素材分割)

Step 3 點選素材，再次移動時間線至終止時間位置

說明： 移動時間線的技巧，可於時間線上方的箭頭圖示左鍵拖拉移動即可。

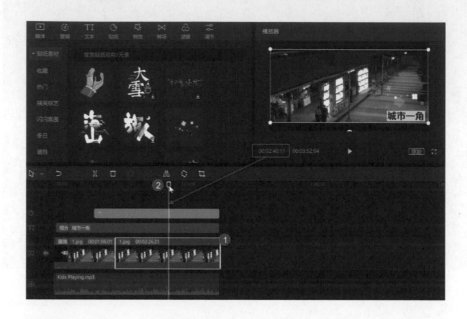

Step 4 再次點選分割，即形成獨立片段

第 7 節　直接分割

所謂的直接分割即是指，在未選取素材的前提下，可以依據時間線停駐的位置，直接進行分割剪輯作業，但特別注意的即是，若是多重軌道重疊時，若未選取素材，則會以**主軌道的時間軸**做為主要分割的素材，因此在進行多軌道素材分割時，還是需要先點選素材後，再進行分割作業。

Step 1 在未選取素材下 (無白色選取框)，已可直接點選分割

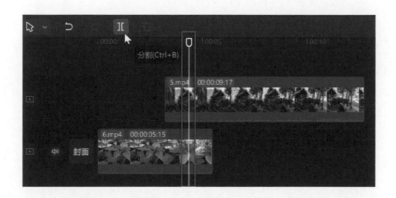

Step 2 注意當多軌道重疊時，以主軌道的素材做為主要分割定義

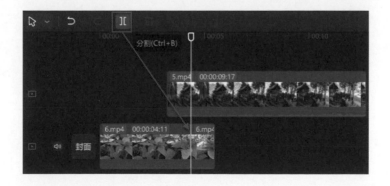

9

視頻進階效果

第 1 節　色彩明度效果

第 2 節　摳像

第 3 節　蒙版

第 4 節　背景

第 5 節　動畫

第 6 節　拍照定格效果

在完成剪輯作業後，接續進行所有素材的相關色彩、視頻防抖、摳像、蒙版、背景等調整設定，讓每段素材的品質能夠更提升視覺效果。另外若是素材中包含有人像，更提供了磨皮與瘦臉參數設定，對於美肌要求的朋友們是一項非常貼心且實用的設計項目。

第 1 節　色彩明度效果

透過色彩調節，可將拍攝時因光線或其它因素所造成的色彩差異，來進行數值的微調設定，不再需要透過第三方軟體 (如：Photoshop) 來進行色彩、明度、效果的調整，提供你一站式解決方案，一次完成所有圖片、影片等色彩編修需求。

第 1 項　色彩調節

Step 1 點選素材 / 調節 / V 調節 / 向下移動 / 即可見色溫、色調、飽和度

Step ② 重新定義色溫、色調、明度

說明：調整中即自動同步套用至所選取的素材位置

⑤ 第 2 項   明度設定

針對素材進行亮度、對比度、高光、陰影、光感等相關參數設定

第 3 項　效果套用

效果功能主要可套用的特效包含有銳化、顆粒、褪色、暗角等相關濾鏡設定

第 4 項　磨皮、瘦臉、視頻防抖

視頻中的人像更可透過瘦臉、磨皮等功能完成美肌相關設定，另外也可利用視頻防抖的功能，將原素材優化減少抖動的問題。

第5項　套用與應用到全部

在參數調整面版中的設定，如果是單一片段素材調整 (選取時呈白色外框)，則會自動套用設定。若是所有素材均需要套用相關參數設定時，在此即點選應用到全部。而取消設定，除了應用復原功能外，我們可以直接點選重置即可。

Step ① 我們將色彩調色，並且應用到全部

Step ② 我們再點選素材一，即可見具有相同的色彩參數值

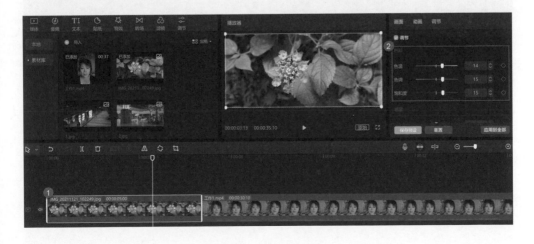

第2節　摳像

所謂的摳像，即是去背功能 (將背景透明化) 以進行自訂背景設定需求。無論是圖片、影片素材我們都可以利用摳像功能快速完成素材去背設定；尤其是人像的去背功能，更可一鍵智能摳像完成，而後套用自己想要加入的素材做為背景設定，創造不同風格的場景內容。

第1項　色度摳像

所謂的色度摳像是指，依使用者點選的色彩，進行去除背景形成透明色的定義，並且藉由重疊多軌道素材，形成自定背景的設計效果。另外建議色度摳像若是需求去背更精準，建議使用純色背景素材，在色度取樣時也較能精準完成去背。

Step 1 點選素材 / 畫面 / 摳像 /☑ 色度摳圖 / 取色器 / 點選畫面中要去背的位置 / 完成取色。

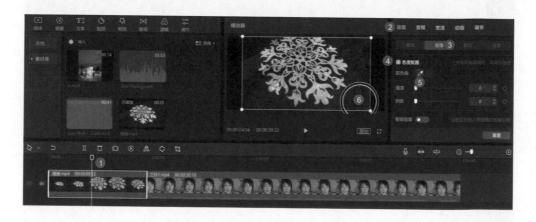

Step 2 再手動增加強度，即可完成摳像作業。

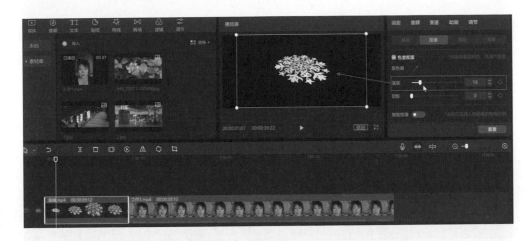

Step 3 將素材形成上下重疊，即可見重疊影像與自定背景設計

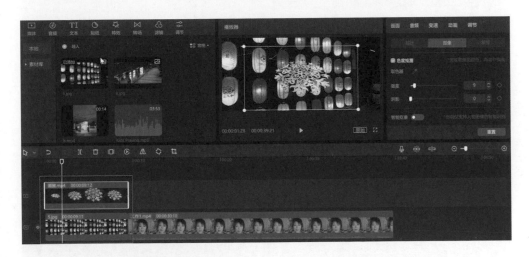

第 2 項　智能摳像

智能摳像目前僅支援人物圖像智能識別，因此我們以人像為例來進行套用設計。

Step 1 原素材未摳像前狀態

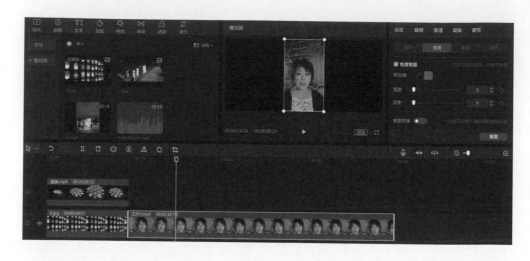

Step 2 點選智能摳像，一鍵完成去背

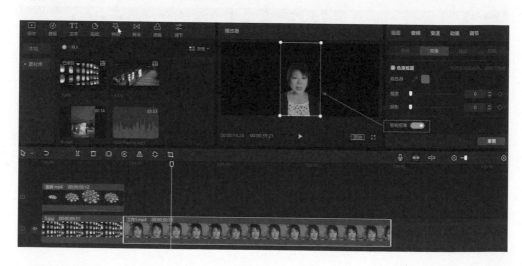

Step 3 接續我們重疊軌道，形成自定背景

第 3 項　多軌道摳像

在多軌道摳像作業中，記得基礎操作首先一定要先點選你要去背的素材 (呈白色外框)，而後再進行摳像設定，另外即是摳像後的素材，只能顯示該時間軸以下的素材內容，所以記得去背後的素材，必要時需向上排列時間軸順序，才能顯示所想要呈現的內容。

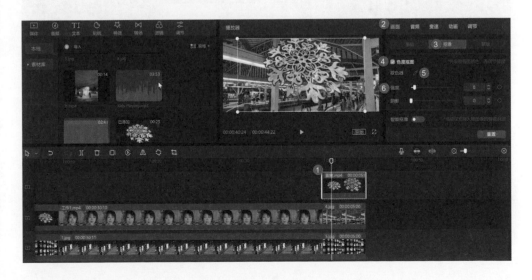

第 3 節　蒙版

所謂的蒙版，我們也可以稱為是遮罩，主要應用於多個素材，需要在相同畫面中同時呈現時，除了改變素材比例大小外，我們可以利用蒙版來進行遮罩，將不必要顯示的內容，在不破壞素材的前提下隱藏起來，並且透過蒙版中豐富的**幾何**樣式，來呈現除了矩形影像外更多變化的視覺效果。

第 1 項　套用蒙版

首先我們可以先將時間軌道上重疊數個素材，以上下層級關係來解說蒙版的特效技巧。蒙版圖示解讀：(灰色) 顯示目前時間軌內容，(黑色) 為遮蔽區，所以顯示下層時間軌內容，因此蒙版有效範圍為上下層的關係。

Step 1 點選素材 (呈白色外框)/ 畫面 / 蒙版 / 線性 (可自選項目)

說明：將素材時間軌重疊，並點選上方素材後套用蒙版，由蒙版圖示上可以了解上方 (灰色) 呈現目前時間軌的內容，而下方 (黑色) 區段即隱藏目前軌道內容，而是顯示下層素材內容。

Step 2 蒙版反轉：將顯示與隱藏定義反轉

Step 3 多軌道套用：點選最上層素材 (呈白色外框)/ 畫面 / 愛心

說明：由圖示所見愛心 (灰色) 呈現目前素材內容，而 (黑色) 隱藏，顯示下方時間軌素材內容，依舊為上下層關係。

🔵 第 2 項　縮放調整

蒙版套用後的大小可自由手動縮放，或是由數值進行精準縮放大小設定。

Step 1 手動縮放：點選素材 / 畫面 / 於畫面中 4 個白色控點拖拉即可自由縮放

Step 2 精準縮放：點選素材 / 大小 / 自訂長、寬數值

第 3 項　移動位置

蒙版位置可依需求自由調整放置，除了滑鼠左拖拉移動外，當多層時間軌重疊時，也可以精準值的方式來定義一致性位置，讓畫面更具有一致性的設定。

Step 1 手動移動：點選素材 (呈白色外框) / 直接於內側左鍵拖拉移動

Step 2 精準位置：點選素材 (呈白色外框) / 位置：X(水平位置)、Y(垂直位置) 數值可自訂。

第 4 項　旋轉

利用不同旋轉角度變化，呈現不同的視覺效果。

Step 1 手動旋轉：點選素材 (呈白色外框)/ 左拖拉旋轉鈕自由旋轉

Step 2 精準旋轉：以數值定義精準旋轉角度

Step 3 旋轉按鈕：於旋轉按鈕圖示上，左拖拉自由旋轉

第 5 項　羽化設定

為使得邊緣線能更自然的融合，不會有明顯的直線切割效果，我們可以將蒙版的週圍以柔焦模糊設定，這即是羽化的定義，數值愈大，模糊效果愈強。

Step 1 手動羽化：以手動方式拖拉羽化設定

Step② 精準設定：羽化值

![第6項] **圓角設定**

特定的蒙版類型，可以加設圓角屬性，加以圓角化設計。

Step① 手動縮放圓角：點選素材 / 蒙版 / 矩形 / 手動拖拉縮放

Step**2** 精準設定：以數值精準設定圓角值

第 7 項 蒙版反轉

Step**1** 未反轉前蒙版套用範圍：點選素材 / 蒙版 / 愛心

說明：未反轉前 (灰色) 為呈現目前時間軸內容，而 (黑色) 為下方時間軸內容。

Step 2 蒙版反轉設定：套用即反轉素材套用範圍

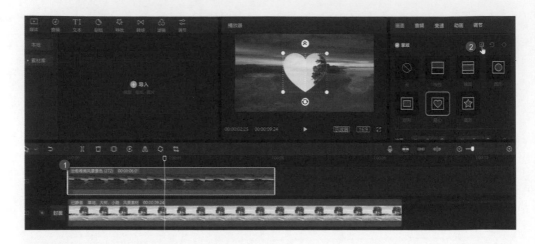

Step 3 取消反轉：再次點選即可還原

第 8 項　取消蒙版

取消蒙版套用：點選素材 (呈白色外框)/ 畫面 / 蒙版 / 直接點選 "無" 即可

第 4 節　背景

背景設計主要應用在素材比例大小無法統一的情形下 (例如：直拍、橫拍素材匯集)，而影片中的黑色背景區域，我們可以套用背景填充來設計不同的效果。

第 1 項　背景填充

在某些因素下，裁切素材會將許多重要的畫面訊息刪除，因此我們可以在不改變素材的比例，及尺寸前題下，利用背景填充方式，來解決黑色區域背景問題。

Step ① 點選素材 / 畫面 / 背景 / 背景填充

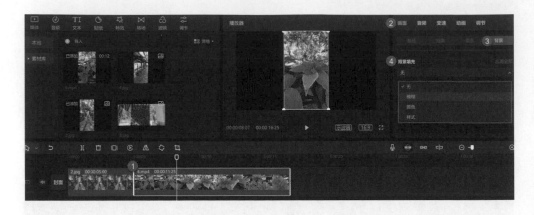

Step ② 模糊背景：點選素材 / 畫面 / 背景 / 背景填充 / 模糊 / 選擇模糊強度

Step ❸ 顏色背景：點選素材 / 畫面 / 背景 / 背景填充 / 顏色 / 自選色彩

Step ❹ 樣式背景：點選素材 / 畫面 / 背景 / 背景填充 / 樣式 / 自選樣式

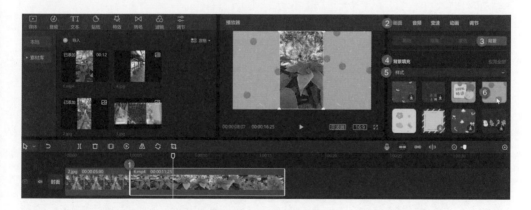

Step ⑤ 應用全部：選定背景設計後，我們可以一鍵套用全部，而不需要逐一設定背景

Step ⑥ 旁白設計：加入文本 / 進行文字旁白說明

⑤ 第 2 項　廣告文案設計

另外我們也可以利用這黑色區塊處，填滿背景色彩後，以廣告文案方式來強化視頻中所要傳達的訊息內容，如：公司品牌名稱、服務項目、連絡方式、歷年成績等。

Step **1** 首先點選素材 / 畫面 / 背景 / 背景填充：顏色 / 自選一個喜愛的色彩 /
點選套用

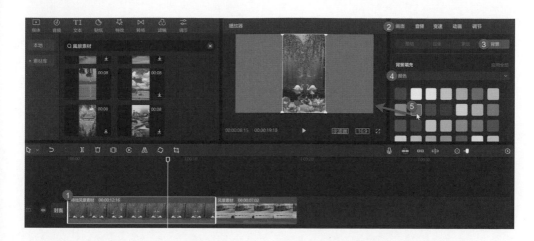

Step **2** 將素材移動至我們要想呈現的位置 (如圖：向右移動)

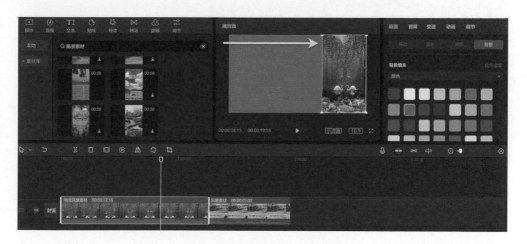

Step ❸ 決定顯示位置 (時間線)／ 文本 ／ 新建文本 ／ 花字 ／ 自選花字樣式 ／ 添
加到軌道

Step ❹ 輸入文本內容 ／ 縮放大小，並移動至適當位置

Step 5 重複文本內容設計 (例：服務項目說明)

說明：多行文字輸入時，可以利用 ENTER 換行，並適當調整字距、行距設定
讓視覺效果更加分

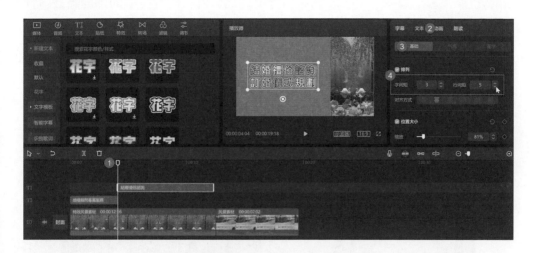

Step 6 調整文本時長，也可以做分段文字設計，創意可由自己發揮

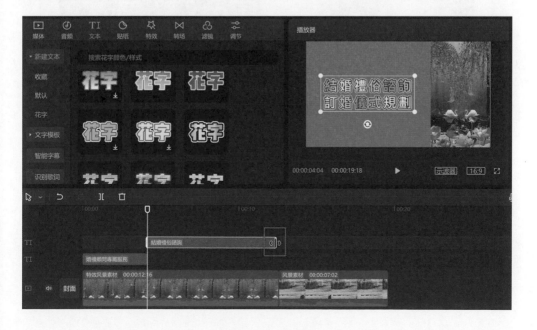

第 5 節 動畫

我們可以將素材套用入場、出場、組合等三大類型的動畫選擇,來提升關鍵鏡頭中的視覺放映效果。不同於轉場,**轉場**是指套用在**兩片段中的畫面特效**,而**動畫套用的單位是每個素材**都可獨立設定動畫效果,另外圖片、視頻素材等在入場、出場、組合三類型中,僅會保存最後一個設定,做為主要動畫參數。

在此我們以圖片素材來套用動畫設計為例。

Step ① 點選素材 / 動畫 / 入場 / 可自定動畫時間

說明:原素材放映時間為 05:00(5 秒),而入場動畫時間為 0.5s(0.5 秒),下方線條即提示入場有設定動畫標記

Step ② 點選素材 / 動畫 / 出場 / 可自定動畫時間

Step ❸ 點選素材 / 動畫 / 組合 / 可自定動畫時間

說明：所有動畫，只會保留最後一項設定。

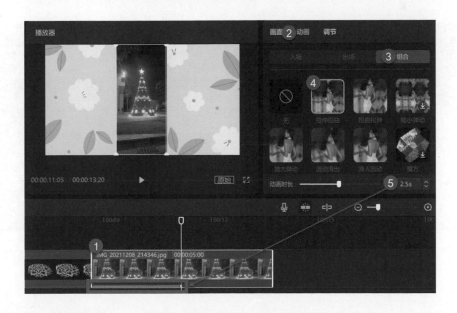

第6節 拍照定格效果

我們可以應用在影片中特別的精選鏡頭，創建如拍照效果的定格畫面技巧，例如：人物定格出場、定格拍照特效等。主要原理即是將時間線停駐位置的這一幀，轉換成一張 3 秒時長的圖片素材，也因此該段素材的總時長 = 素材時間 + 定格時間。

定格設定功能僅對視頻素材有效設置，圖片素材原已是靜態定格素材，故定格功能是無效的。

第 1 項 定格設定

首先移動時間線至所需要的定格位置，可以拉近放大來觀看時間軸的單位，我們以幀來檢視。

Step 1 Ctrl + 拉近時間軸

說明：例如：決定時間線停駐位置 (第 6 幀)，點選定格，目前該素材總時長為 25:16。

Step 2 點選定格後，即自動插入一段 3 秒圖片素材，並且原素材自動分割形成 3 段素材。

說明：定格素材加入後，原素材的時長即增加 (3 秒) 為 28:16

第 2 項　縮放時長

定格片段時長，系統預設為 3 秒，當然可依需求自行增減時間長短。

Step 1 點選素材 / 拖拉後方區段 / 延長時間

Step ② 點選素材，反向拖拉，即為縮短時間

🌀 第 3 項　取消定格

若是需要取消定格設定，只要直接點選該段素材後，按 Delete 鍵刪除即可。

Step ① 點選定格素材區段 (呈白色外框)/ 按 Delete 刪除 / 或是以右鍵 / 刪除即可

Step **2** 刪除後，即回復到原時長

10

音頻與配樂

第 1 節　音頻

第 2 節　變速

第 3 節　視頻與音頻分離

第 4 節　配樂剪輯

如何將原媒體素材的背景聲音改變音量或是調整靜音，並且加入淡入淡出等相關設定。對於不喜歡以原聲重現的朋友們，我們也可以透過變聲效果，玩出具有趣味性的音效設計技巧。

第 1 節　音頻

在音頻參數面版中，主要設定有音量大小、淡入淡出、音頻降噪、變聲等各式效果。

第 1 項　音量

Step ① 點選素材 / 音頻 / V 基礎 / 音量

說明： 預設 0dB 即為原音量大小，向右 (+) 增加音量，向左 (-) 降低音量。

Step 2 向右移動為 (+) 增強音量變大聲

Step 3 向左移動為 (-) 降低音量變小聲

Step④ 移至最左方，靜音設定

第2項 淡入淡出

所謂的淡入淡出，影片中我們所加入的背景音樂，為使音樂在影片開始進場時能漸漸變大聲 (淡入)，以及在影片結束時漸漸變小聲 (淡出)，直到音樂消失為止，這即是在一般剪輯配樂時所常聽見的淡入淡出定義，也是影片剪輯時最常使用的配樂效果技巧。

Step① 關閉背景聲音：我們來自訂一段背景音樂，首先將原素材聲音設置為靜音

Step ② 加入一段音頻：點選停駐位置 / 音頻 / 音樂素材 / 卡點 / 添加到軌道

Step ③ 淡入設定：點選音頻素材 / 基本 / V 基礎 / 淡入時長 (注意波形)

說明：音頻時長 = 素材時長 08:29，而淡入時長 1.5s（秒）

Step ④ 點選音頻素材 / 基本 / V 基礎 / 淡出時長 (注意波形)

說明：音頻時長 = 素材時長 08:29，而淡出時長 1.5s（秒）

⑤ 第 3 項　音頻降噪

接續我們可以利用音頻降噪功能，對視頻聲音進行降噪處理。

點選素材 / 音頻 / V 音頻降噪，降噪後可試聽音頻質量

第 4 項　　變聲

音頻中，除了原音重現外，利用變聲特效可以讓視頻的元素更加有趣多樣化呈現。

Step 1 點選素材 / 音頻 / 變聲 / 套用素材後，即完成變聲特效

Step 2 取消變聲

第 2 節　變速

變速定義即是改變原視頻播放速度。在視頻中某些片段若是我們需要快轉或慢速放映時，即會以變速方式來進行設計。首先將素材進行片段分割後，再各自套用需要變速的參數。

第 1 項　常規變速

常規變速為最常使用的變速設計，在此可分為倍數、秒數等兩類型設定。

Step 1 點選素材 / 變速 / 常規變速 / 倍數 1.0x

說明：倍數 1.0x 即是原視頻的標準速度，若是要加速則 (向右) 增加，反之減速則 (向左) 減少。來改變速度的效果，另外，無論是使用倍數還是秒數，請記得速度加快秒數自然減少，反之速度變慢秒數自然增加，因此這兩個參數值都會同步異動。

Step 2 加速調整，將 1.0x 加速 5.0x(5 倍速)，則時間只需要 1.5s(1.5 秒)

Step 3 慢速調整，將 1.0x 減速 0.5x(0.5 倍速)，則時間需要 14.2s(14.2 秒)

Step 4 調整回原速度，1.0x 倍數，時間 7.1s(7.1 秒)

Step 5 另外我們也可以直接用秒數來決定倍數，例如：以 5.0 秒完成播放，則倍數即為 1.4x

第 2 項　曲線變速

我們可以依據視頻中不同故事情境呈現出多重變速效果，即是曲線變速的主要功能。

Step❶ 點選素材 / 變速 / 曲線變速 / 自選變速樣板

Step❷ 讓我們來看看變速圖的原理

1. 中央基準線：**1.0x** 為原速的標準線

2. 基準線向上：即為加速 (快轉)

3. 基準線向下：即為減速 (慢速)

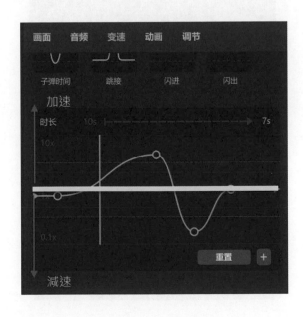

Step ③ 我們來看看整體的速度變化定義

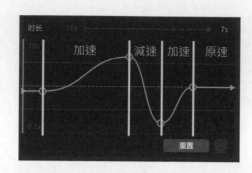

Step ④ 當然我們也可以自行拖拉移動調整速度

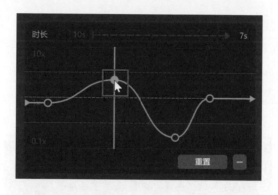

Step ⑤ 或是取消重置

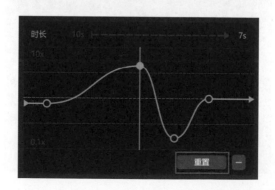

第 3 節　視頻與音頻分離

視頻與音頻分離主要設計應用於，當視頻中我們需要將部份片段另行設計背景音樂、變速、音量、音效等，此時應用分離可依不同片段套用不同特效設計技巧整合應用。

⑤ 第 1 項　整體分離音頻

Step ❶ 點選素材 / 右鍵 / 分離音頻 (Ctrl+Shift+S)

Step ❷ 分離後即會獨立一個時間軌道，形成上下並列

第 2 項　片段分離音頻

我們也可以依需求，將素材獨立成片段後，再進行音頻分離設計

Step 1 首先進行影片分割設定 (將需要處理的片段先做前後分割)，形成獨立片段

Step 2 點選所需要的片段 / 右鍵 / 分離音頻

Step ③ 即完成片段分離音頻設定

⑤ 第 3 項　分離應用

我們將音頻分離後，可以將該段音頻素材，套用靜音、變速、替換音頻等常用
設計技巧

Step ① 片段靜音：點選素材 / 音頻 / 基本 / 音量，向左移動至靜音為止

Step 2 片段變速，點選素材 / 音頻 / 變速 / 倍數 2.0x(加速)

Step 3 替換音頻：將原音頻 Delete 刪除後，音頻 / 音樂素材 / 置入新音頻素材

Step❹ 分割並刪減音頻片段，同視頻素材時長，即完成替換音頻

🌀 第 4 項　還原音頻

Step❶ 分離後的音頻，即使刪除仍可重置回復至原素材的狀態

Step ❷ 音頻已再次還原

第 4 節　配樂剪輯

如何將視頻加入配樂並完成剪輯技巧。

Step ❶ 加入配樂設計前：若是視頻素材，記得要先將原聲進行音量調整，或是靜音設定

Step ❷ 停駐所需時間點 (時間線)/ 音頻 / 音樂素材 / 純音樂 / 自選音樂 / 添加到軌道

Step ❸ 將時間線移至視頻的終止點，並點選分割

說明：若是音樂素材小於視頻時長，則重複再次加入一段音樂素材即可。

Step④ 按 Delete 刪除後段音頻素材，即與視頻時間等長

Step⑤ 淡入淡出：點選音頻素材 / 音頻 / 基本 / 淡入時長、淡出時長 秒數可自訂

11

文本特效

第 1 節　新建文本

第 2 節　格式與特效

第 3 節　動畫

第 4 節　朗讀

第 5 節　文字模版

文本特效素材庫，新建文本提供豐富的花字素材 (即綜藝字體效果)，更結合動畫參數讓你的文字動起來，而文字模板中有大量的專業圖像文字樣板設計，可應用於字卡、特效文字、橫幅設計、品牌設計等；智能字幕一鍵自動完成字幕識別並套用設計，簡化了創作者需要花費大量時間所進行的逐字稿編排；而識別歌詞，不僅僅是歌詞，只要是音頻中有人聲的內容，都可以透過識別歌詞，自動完成語音識別並套用字幕設計。

第 1 節　新建文本

在新建文本中，我們可以應用**默認**來自訂所喜愛的文字格式，也可直接選擇**花字**來套用預設樣版，而常使用的花字格式，我們可以點選**收藏**集合至收藏類別中，方便再次搜尋套用設計。

第 1 項　默認

Step❶ 停駐所需位置 (時間線)，點選文本 / 新建文本 / 默認文本，添加至時間軌道中

說明：默認文本為簡易的文字格式，由使用者自訂相關字型、色彩、樣式等設計。

Step 2 點選素材 / 文本 / 基礎 / 編修內容 / 自訂格式

Step ❸ 定義文本時長，拖拉文本最後邊線 (向左移動縮減時間)、(向右移動增加時間)

⊘ **第 2 項** 花字

Step ❶ 停駐所需位置 (時間線)，點選文本 / 新建文本 / 花字 / 選擇你喜愛的項目，添加至時間軌

Step 2 編修文本內容與格式設定

Step 3 定義文本時長，拖拉文本最後邊線 (向左移動縮減時間)、(向右移動增加時間)

第 3 項　收藏

我們可以直接將喜愛的花字類型，點選收藏，以便日後快速選取編修應用。

Step **1** 於喜愛的花字位置上，點選收藏

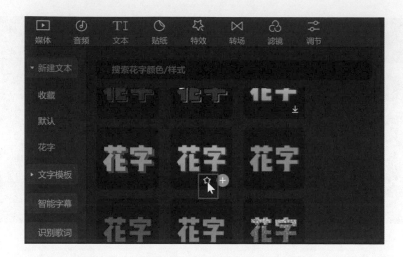

Step **2** 掃描連結抖音帳號

Step ③ 點選收藏，即可見剛才所收錄的花字格式

Step ④ 取消收藏，點選星號後即可取消該項收藏

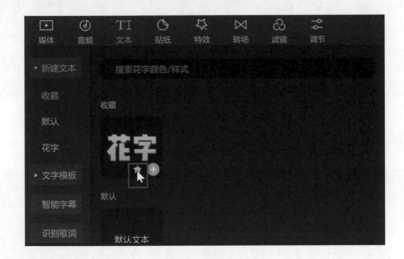

第 2 節　格式與特效

在預設文本的內容設計中，結合右側文本參數面版，可進行基礎格式、字型、色彩等設計，另外更可結合氣泡、花字等功能，套用預設的豐富樣版來進行不同元素的設計技巧。

Step 1 點選文本素材 / 文本 / 基礎 / 完成自訂格式設計

說明：於文本參數面版中，提供文字內容編修、格式、字型、色彩、樣式等相關設定，依序向下捲動即可查看更多參數。

Step 2 排列、位置、大小、旋轉

Step 3 混合、描邊、邊框等相關設定

Step 4 陰影格式設定

🌀 第 2 項　氣泡

Step ① 點選素材 / 氣泡 / 選擇喜愛的氣泡樣式

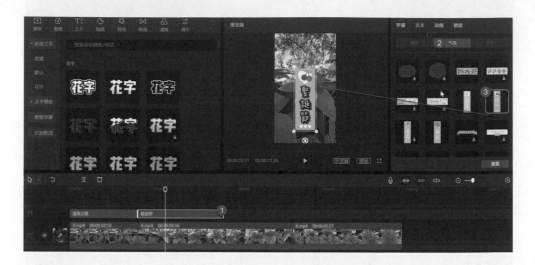

Step ② 點選素材 / 文本 / 氣泡 / 取消氣泡字效果

第 3 項　花字

在此的花字即是保留原輸入的文字內容，直接更改花字的色彩與格式設定。

Step ❶ 點選素材 / 點選文本 / 花字 / 套用喜愛的格式設定即可

Step ❷ 點選素材 / 文本 / 花字 / 取消花字格式設定

第 3 節　動畫

新建文本的花字，為靜態文字效果，因此我們可以添加動畫功能，將文本內容套用入場、出場、循環等動畫特效技巧。

Step ❶ 入場動畫：點選文本素材 / 動畫 / 入場 / 選擇喜愛的動畫效果 / 設定動畫時長

說明：於文本素材軌道上，左側即可看由左至右的箭頭指向線條，意即為入場設定

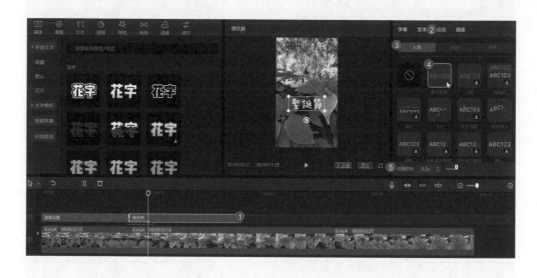

Step ❷ 出場動畫：點選素材 / 動畫 / 出場 / 選擇喜愛動畫 / 自定義動畫時間

說明：在文本素材時間軌上，即可看由右至左的箭頭指向線條，意即為出場設定

Step **3** 循環動畫：點選素材 / 動畫 / 循環 / 選擇喜愛項目

說明：文本時間軌上即可見雙向箭頭直線，意即為循環動畫設定

第 4 節　朗讀

若是影片中希望以口語的方式朗讀文字內容，朋友們勿需要擔心還要錄製旁白，因為在此我們可以直接使用朗讀功能來完成。

Step ❶ 單一文本朗讀：點選文本素材方塊 / 朗讀 / 選擇素材 / 開始朗讀

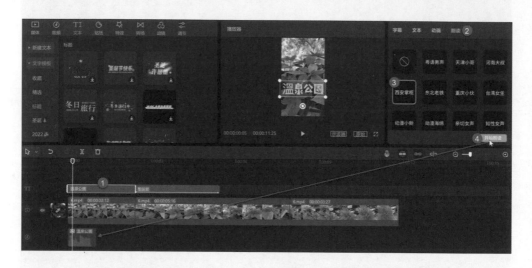

Step ❷ 多重文本朗讀：框選文本素材方塊 (呈白色外框)

Step 3 產生朗讀音頻：點選朗讀 / 選擇素材 / 開始朗讀 即於下方產生朗讀音頻內容

第5節　文字模版

文字模版功能提供更豐富的文字格式 + 橫幅設計 + 動畫，可應用於品牌宣傳、標題、綜藝字卡等片段設計應用，呈現更豐富多樣的字體效果技巧。

Step 1 決定時間線停駐位置 / 文本 / 文字模板 / 精選 / 選擇喜愛的素材 / 修改文字內容

Step ❷ 修改文字內容 / 調整文本時長

Step ❸ 利用 Vlog 類型，做影片的片頭設計

Step 4 多重類型,重疊時間軌,豐富影片內容資訊的呈現

Step 5 也可以在視頻中設計 Logo,為自己的品牌做宣傳

12

字幕與文稿匹配

第1節　識別字幕

第2節　文稿匹配

第3節　識別歌詞

第4節　旁白錄音

所謂的識別字幕即是，由系統自動將影片中的人聲內容，以一鍵轉換對應時間軸的字幕文本，簡化了我們需要進行逐字稿輸入與時間對應設定等編輯過程，為後製字幕節省了非常大的時間。另外文稿匹配即是將已建立的文稿檔案內容，以一鍵匹配自動對應時間軸產生字幕文本的編輯過程。

第 1 節　識別字幕

首先讓我們先置入一段口説的視頻影片來進行識別字幕的練習。

Step ❶ 點選影片素材 / 文本 / 智能字幕 / V 同時清空已有字幕 / 開始識別

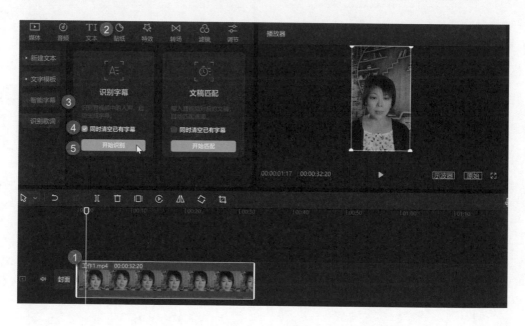

Step 2 自動產生出字幕，並且於基礎面版中設定所需要的字型格式即可

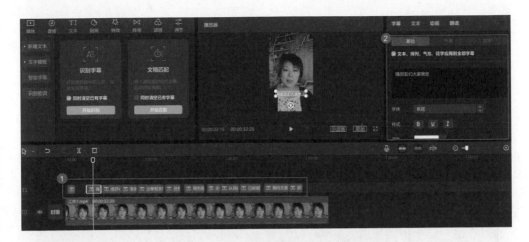

Step 3 刪除字幕：框選字幕素材 (呈白色外框)

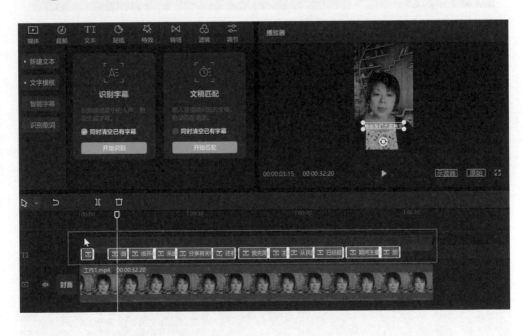

Step ④ 按 Delete 鍵刪除即可

說明：我們也可以於下次識別字幕時，勾選同時清空已有的字幕即可自動刪除

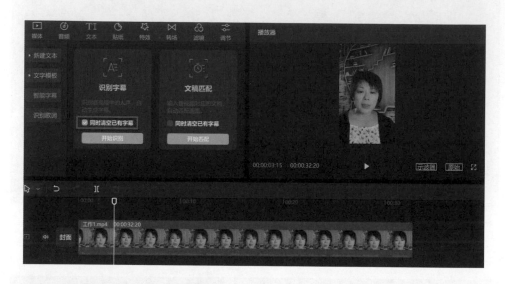

🌀 第 1 項　字幕編修

識別字幕後，仍會需要再次校正內容與時間軸的校對檢查，讓我們來看看如何
進行常用的字幕編修技巧。

Step ① 內容校訂：點選字幕素材 (呈白色外框)/ 修改文字內容

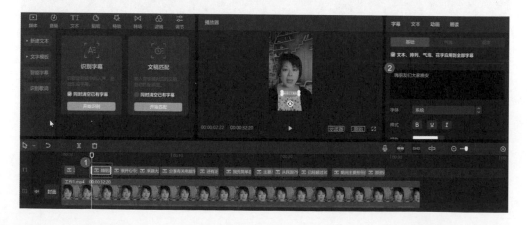

Step❷ 字幕換行：Enter 換行

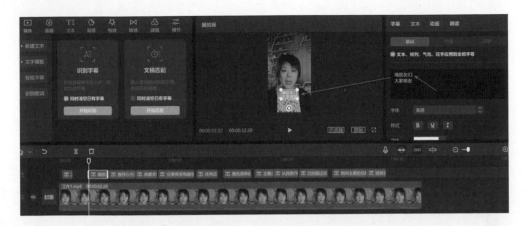

Step❸ 字幕合併行：Backspace 合併 (續上圖，第二列最左側按 Backspace)

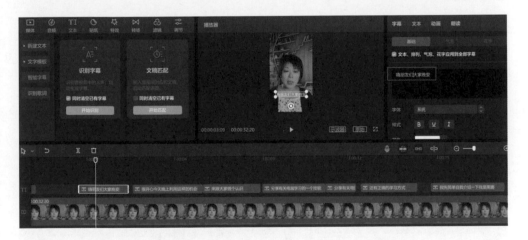

Step ④ 分割字幕文本：停駐分割點，點選分割，形成獨立字幕文本

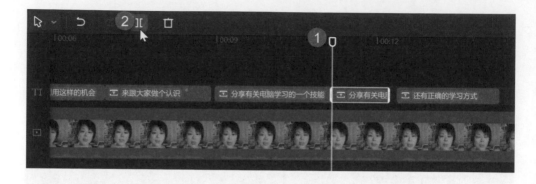

Step ⑤ 改變字幕時長：為使時間點與字幕對應所進行的調整作業

說明：有時識別字幕所產生的字數過長，我們也可以獨立分割字幕文本來進行獨立畫面設計

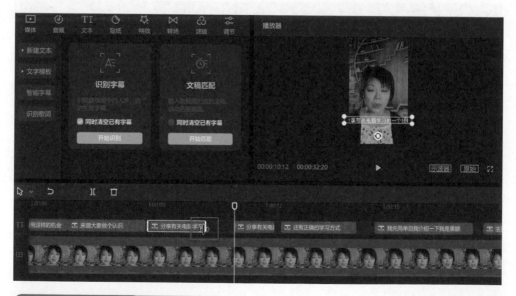

第 2 項　格式與樣式

將字幕內容與時間點完成校訂作業後，接續我們將進行字幕格式美化設計。

Step 1 點選字幕素材 / 基礎 / 文字內容修改 / 設定字型格式

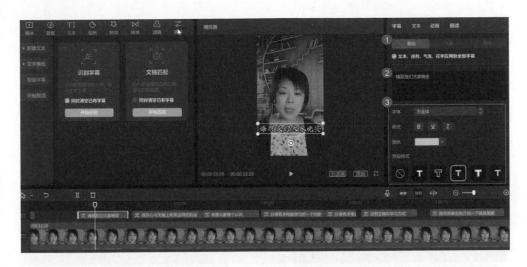

Step 2 縮放大小

說明：請注意在此的縮放，是所有字幕文本全部套用，因此縮放大小後，記得檢查全部字幕內容，是否有超出螢幕被裁切的問題。

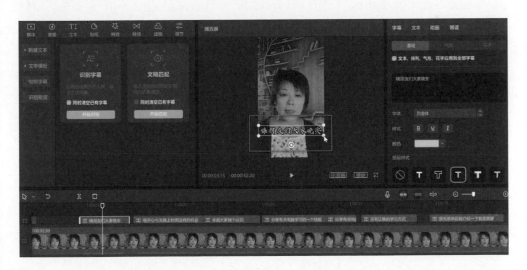

Step❸ 注意超出視頻尺寸將被裁切

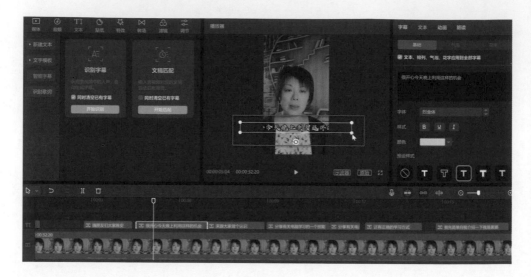

第 2 節　文稿匹配

文稿匹配即是，有些時候我們在錄製影片時，是依據已建立的講稿來完成口語錄製，因此這類型的創作只要將已建立的文稿 (即是講稿)，直接複製貼上後，由系統自動依據內容來進行時間點識別，完成文稿匹配時間點的設計。

Step ❶ 首先將我們的文稿 (講稿) 開啟，並且全選 (Ctrl+A) 文字內容後，複製 (Ctrl+C)

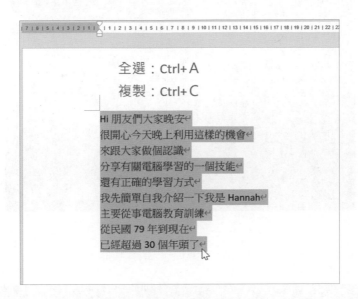

Step ❷ 點選素材 / 文本 / 智能字幕 / 文稿匹配 / V 同時清空已有字幕 / 開始匹配

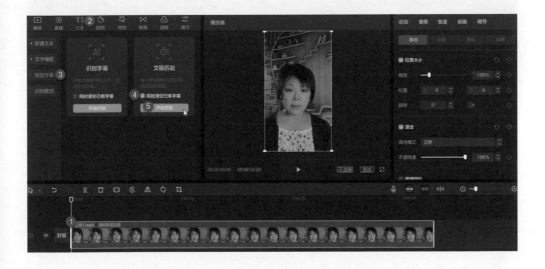

Step ❸ 輸入文稿：在此按下 **Ctrl+V** 貼上內容，並且開始匹配

Step ❹ 完成文稿匹配，並且可同時進行字型格式設定

第 3 節　識別歌詞

在此的識別歌詞，不一定要是曲目，系統主要是識別音軌中的人聲，並自動在時間軸上生成字幕文本，目前僅支持國語。

第4節　旁白錄音

除了音軌中的人聲外，我們也可以在視頻中，利用錄音工具完成旁白或配音的錄製。

Step ① 將時間線移至 00:00:00 處，點選錄音

Step 2 點選開始錄製，會先倒數 3、2、1，而後配合視頻內容開始錄製旁白

Step 3 停止錄製後，即自動產生錄音的音軌

12-12

Step ④ 媒體素材中，自動加入該錄音音軌素材

13

貼紙動畫特效

第 1 節　搜尋與編輯

第 2 節　動畫

第 3 節　組合素材

第 4 節　片頭設計

第 5 節　片尾設計

在視頻後製中，為了豐富視覺的內容與加強節慶的氛圍，我們可以依不同的情境加入貼紙元素。

例如：熱門、聖誕節、以及年節節慶、搞笑綜藝、LOVE、Vlog、美食等，豐富的貼紙素材庫，提供朋友們可以自由發揮想像空間無限創作。

第 1 節　搜尋與編輯

Step ① 插入貼紙：停駐所須位置 (時間線)/ 貼紙 / 貼紙素材 / 熱門 / 選擇喜愛素材 / 添加到軌道

Step ② 縮放與旋轉：點選貼紙素材 / 貼紙 / 縮放、旋轉設定

Step 3 搜尋貼紙：停駐所須位置 (時間線)/ 輸入關鍵字 / 添加到軌道

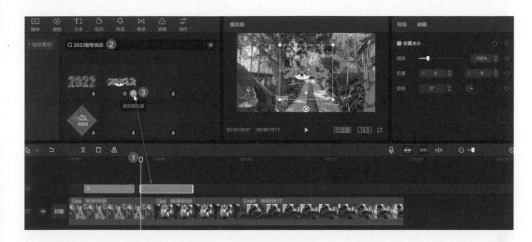

Step 4 手動縮放與旋轉

Step⑤ 調整貼紙素材顯示時長

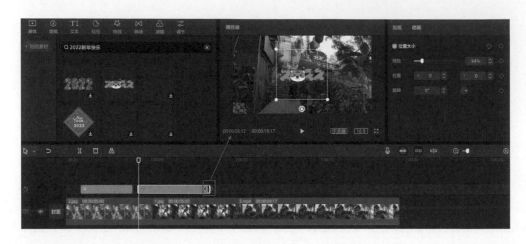

第 2 節　動畫

除了貼紙原本預設的動畫效果外，我們也可以套用入場、出場、循環等動畫效果，此項動畫套用後，可於時間軌道上看見箭頭指向標示，即為動畫類型。

Step① 入場動畫：點選素材 / 動畫 / 入場 / 自選動畫類型 / 設定動畫時長

說明：時間軌上呈現→圖示，即為入場標記。

Step❷ 出場動畫：點選素材／動畫／出場／自選動畫類型／設定動畫時長

說明：時間軌上呈現←圖示，即為出場標記。

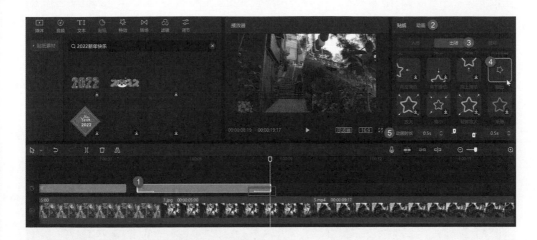

Step❸ 循環動畫：點選素材／動畫／循環／自選動畫類型／設定動畫時長

說明：時間軌上呈現⟷圖示，即為循環標記。

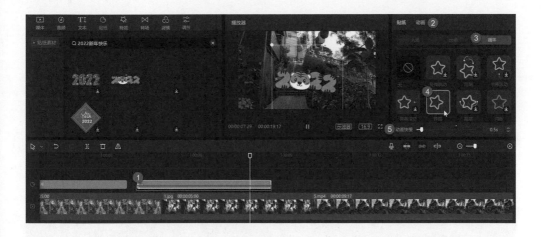

第 3 節　組合素材

在此的組合素材即是，我們可以應用多軌道的方式將數個不同元素的貼紙組合，形成如同情境般的布局組合應用，在此我們用貼紙來建構一個沙灘渡假風的情境。

Step ❶ 首先我們先由媒體導入一張沙灘背景圖，並添加至時間軌

Step ❷ 切換至貼紙 / 並搜尋沙灘 / 依序添加至軌道中，自由構圖沙灘情境

Step❸ 將貼紙時長設定與背景圖片時長一致，即完成用貼紙設計視頻創作

第 4 節　片頭設計

我們可以在影片開始時，加入簡單的片頭設計做為影片前的介紹，例如：這支
影片的主題是什麼，旅遊的地點，拍攝時間等，都可以做為片頭設計的元素。
當然在此不僅可以使用貼紙素材，若是需要自己輸入文字內容時，我們也可以
結合文本工具下的素材庫來豐富片頭創作與設計。

Step❶ 媒體導入一張片頭背景素材

Step ② 縮放圖片大小同視頻比例

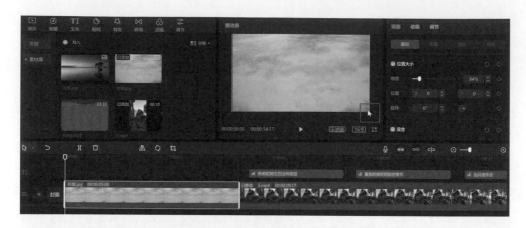

Step ③ 插入貼紙元素 / 搜尋 Vlog/ 選擇喜愛的貼紙加入

Step ④ 也可以結合文本 / 加入文字說明

Step ⑤ 最後調整素材時長，與背景素材一致即可

說明：若是貼紙的動畫時長小於背景時，我們也可以貼紙的時長為標準，來縮短背景素材的時間，所有的設計都可以由朋友們自由發揮創作。

第 5 節　片尾設計

在影片播放結束時，加入片尾設計以做為整支影片重點回顧，一般我們可以加入如 NG 片段、精彩回顧、感謝工作夥伴等，這些內容都可以做為片尾設計的創意素材，在此我們以感謝文字來做為片尾設計，以呈現影片播放完畢的謝幕內容。

Step ❶ 媒體導入一張片尾背景素材圖片，並縮放大小同視頻比例

Step 2 我們以文本工具加入文字說明

Step 3 再添加貼紙素材，強化視覺效果

Step④ 最後調整素材時長與背景圖片一致即可

14

特效效果設計

第 1 節　套用特效

第 2 節　特效時長

第 3 節　特效參數

第 4 節　三分屏設計

特效素材庫提供了豐富的特效類型，如：聖誕、2022、氛圍、動感、分屏等，將
視頻素材依不同情境及特定片段鏡頭來加入特效，可增添不同的視覺呈現效果。

第 1 節　套用特效

Step 1 停駐所需要的時間位置 (時間線)/ 特效 / 特殊效果 / 選擇喜愛的項目
添加到軌道

Step 2 重複加入不同特效

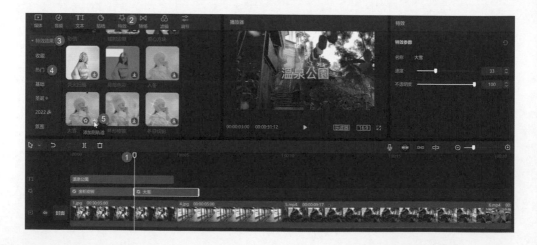

Step ❸ 也可以上下堆疊特效

說明：素材庫的所有資源，除了可以循序排列外，更可以上下堆疊方式呈現整合性的效果設計

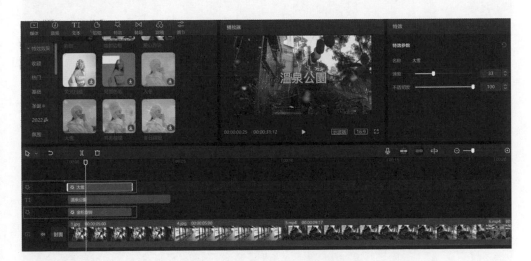

第 2 節　特效時長

關於特效時長，不同於貼紙的應用，特效並不會因為增加時長，而特效內容自動重播，所以當特效時長小於素材時，若是需要相同特效持續播放，建議重複加入相同特效即可。

Step ❶ 重複加入相同特效

說明：當特效小於素材時長，我們以重複加入相同特效設置，如此特效才能重播

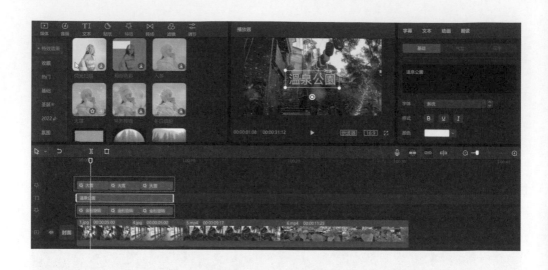

Step ➋ 當特效時長大於視頻素材時，當然我們也可以直接縮短時長

第 3 節　特效參數

特效參數面版，此範例中提供速度、濾鏡、氛圍等相關設定，特別注意的是僅能單一素材調整，無法多重套用設定。所以若是需要相同參數設定，建議操作

方式,將一個標準的參數調整完成後,再以這個素材進行複製即可快速完成多重參數設定技巧。

Step ❶ 點選素材 / 特效參數設定

Step ❷ 多素材套用技巧:若需要相同參數,建議先調整一個標準值後,右鍵 / 複製素材即可

Step ③ 停駐所需時間點 (時間線)，右鍵 / 貼上素材

Step ④ 還原參數設定，按下重置即可

第 4 節　三分屏設計

分屏設計特效，可使用兩種情境來進行設計，一是將素材大小比例調整同視頻比例大小，而後進行分屏套，另一方式即是在不改變素材大小，為使背景不再以黑色呈現，我們可以搭配背景設計，來填滿黑幕的部份，呈現不同氛圍的分屏設計效果。

Step ① 調整素材大小同視頻比例，在此我們縮放調整為 100%

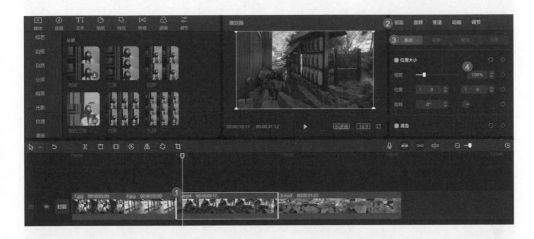

Step ② 點選素材 / 特效 / 分屏 / 三屏

Step ❸ 另一設計技巧，以背景取代黑幕，我們將素材縮放為 50%，此時背景呈現黑幕

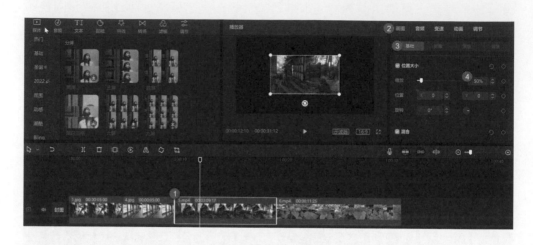

Step ❹ 點選素材 / 畫面 / 背景 / 背景填充：模糊

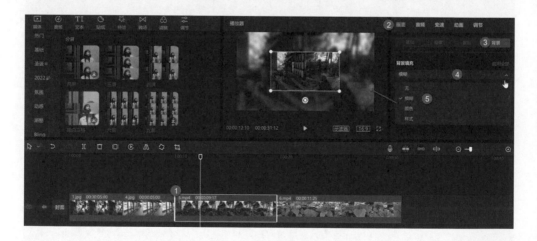

14-8

Step 5 點選素材 / 特效 / 分屏 / 三屏

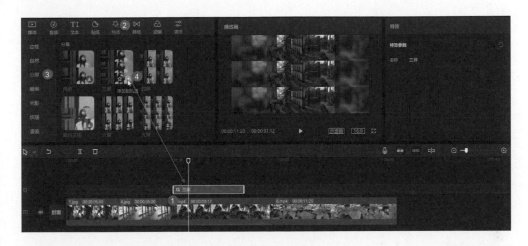

Step 6 調整分屏時長

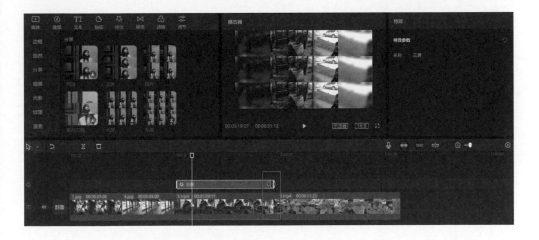

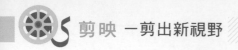
Step ❼ 刪除分屏特效：點選分屏素材 / 右鍵 / 刪除 或按 Delete 即可

15

轉場效果設計

第 1 節　轉場套用

第 2 節　轉場時長

第 3 節　轉場刪除

所謂的轉場即是將影片中，被分割的片段與片段間，進行過渡的轉換，在此我們可以利用轉場素材庫中豐富的轉場動畫資源如：綜藝轉場、運鏡轉場、特效轉場、MG 轉場等，依不同情境需求，套用喜愛的轉場設計。

在此特別注意的即是，轉場效果的套用僅針對**主軌道上的兩片段間為有效套用範圍**，其它時間軌道上的分割片段，是無法套用轉場效果，此時建議以素材庫的轉場素材，來做為應用整合技巧。

第 1 節　轉場套用

轉場的套用是以兩片段間做為套用的範圍，我們可以直接以左鍵拖拉移動至時間軌上套用，或是按⊕添加至軌道套用。

Step 1 點選轉場 / 轉場效果 / 基礎轉場 / 選擇喜愛的項目 / 添加到軌道

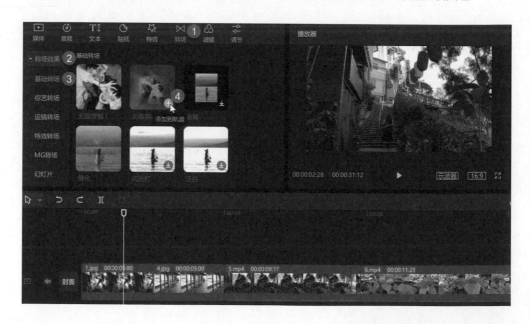

Step 2 添加後自動套用到兩片段間的範圍

Step 3 我們也可以直接左鍵拖拉到所需要的片段中

Step ❹ 應用全部：點選已套用的轉場素材 / 應用全部

Step ❺ 即自動套用到所有片段間的轉場特效

第 2 節　轉場時長

說明：關於轉場的時長，是依據該片段的總時長，提供可設定的秒數範圍，因此片段總時長愈短，則轉場時長也就愈短，所以轉場的時長最大值不是固定值，而是視片段時長決定的參數。

Step 1 點選轉場素材 / 轉場 / 時長 (可自訂所需時長)

Step 2 也可以直接應用全部

第 3 節　轉場刪除

Step 1 點選欲刪除的轉場特效，右鍵 / 刪除 或按 Delete 鍵刪除即可

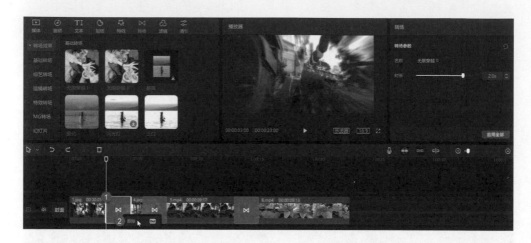

Step 2 批量刪除：Ctrl+ 左鍵點選後，按 Delete 鍵刪除

16

濾鏡庫設計

第 1 節　套用濾鏡

第 2 節　濾鏡時長

第 3 節　濾鏡參數

所謂濾鏡即是將媒體素材加入特殊調整的色調與多樣風格化設計，讓您的素材呈現出更加精緻的質感與情境風格呈現。濾鏡庫中提供各式豐富的素材庫，可依不同的媒體主題情境套用適用的風格濾鏡。

第 1 節　套用濾鏡

我們可以於瀏覽窗格中點選，即可隨時瀏覽濾鏡類型，而後再添加到軌道中。

Step❶ 停駐所需的時間點 (時間線)/ 濾鏡 / 濾鏡庫 / 精選 / 選擇喜愛項

Step❷ 添加到軌道

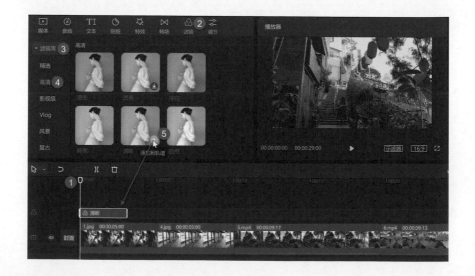

Step 3 多重濾鏡套用：我們也可以重疊時間軌道來進行設計 (也可交錯設計呈現不同濾鏡變化)

第 2 節　濾鏡時長

Step 1 濾鏡時長，可依實際需求調整，例如：將所有濾鏡設定相同時長

Step **2** 我們也可以交錯設計，時長不一定要等長

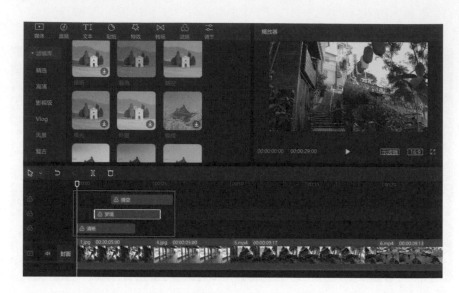

第 3 節　濾鏡參數

Step **1** 透過參數面版，加強濾鏡套用強度參數 (預設值最大值：100)。

Step ❷ 重置還原濾鏡設定

17

調節與 LUT

第 1 節　預設調節參數

第 2 節　自定義調節參數

第 3 節　LUT 應用

所謂的 LUT 是 Look Up Table（顏色查找表）的縮寫或色彩對應表等用語，而在此的 LUT 提供朋友們可以直接匯入 LUT 濾鏡包以快速的套用曝光與色彩。例如：當我們的素材對比度、飽和度很低時，畫質會呈現灰階色調，此時我們可以透過 LUT 來快速轉換，以達到更精緻更優質的視頻畫面。

第 1 節　預設調節參數

在此的調節可分為兩大類型，一是參數面版中的調節參數，是直接套用到所選取的素材上，另一即是由主功能中的調節，我們可以將原調節參數值，保存至預設，而後由我的預設值以時間軌的方式疊加到素材上方，一來可以不需要每個素材逐一調整，就可以直接套用參數到所有素材，二來修改參數時，也只要點選調節素材的軌道修改即全部完成套用，也是最佳的設計方式。

Step 1 素材面版的參數視窗，所有的參數 (含下方參數設定) 調整，都會直接套用到素材上

Step 2 將此參數保存預設

Step 3 自訂調節名稱 / 保存

Step 4 調節 / 調節 / 自定義 / 我的預設 / 即可見我們剛才所儲存的 (調節設定 1)

Step **5** 我們先將原先調節參數重置

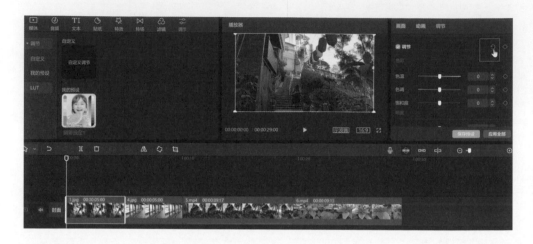

Step **6** 調節 / 調節 / 自定義 / 我的預設 / 調節設定 1/ 添加到軌道 (右側參數
面版即可見剛才的參數值)

Step 7 套用全部，只要改變素材時長

Step 8 我們可以直接複製 (調節設定 1)，並應用疊加軌道方式，完成不同調節變化技巧

第 2 節　自定義調節參數

新增自定義調節參數，來設置數個不同的參數管理，方便重複套用與修改參數內容。讓參數調整不再直接套用至素材上，而是透過自定義調節參數，形成獨立設定與套用元素，對於日後的維護與管理更有效率。

Step ① 調節 / 調節 / 自定義 / 添加到軌道

Step ② 而後調整參數面版的相關數值設定

Step**3** 調整時長，依素材不同調節不同參數

Step**4** 再次新增自定義調整，分布於不同的素材上方，完成自定義設置

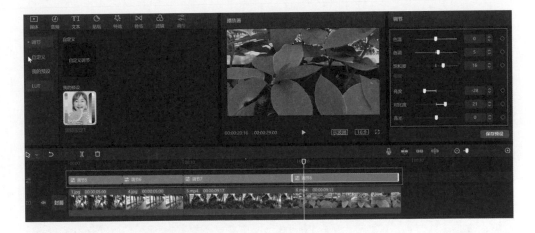

第 3 節　LUT 應用

我們可以直接於網路中搜尋免費可商用的 LUT 濾鏡包，而後匯入至剪映中，直接套用至視頻素材，快速完成 LUT 風格濾鏡設計。

第 1 項　搜尋 LUT

Step ① 於 Google 搜尋 /Panasonic lut/ 點選 Varicam LUT 庫 / 進入官方頁面

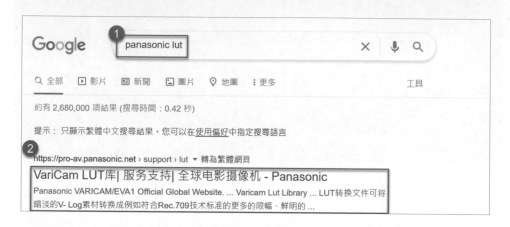

Step ② 進入官方頁面，並移到至下方 (由三個場景選擇適用的 LUT)

Step3 我們可以於預覽縮圖上,直接點擊預覽效果

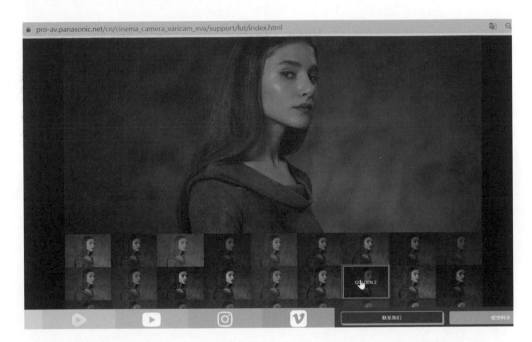

Step4 依不同場景切換,並即時預覽

Step ⑤ 向上捲動，移至下載連結位置，點選如圖所示的下載區段

Step ⑥ 於下載路徑中，右鍵進行解壓縮全部

Step ❼ 解壓縮後 LUT 檔即可導入至剪映中使用

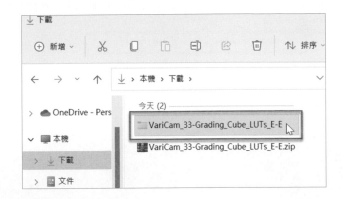

🔅 第 2 項　LUT 導入

如何將下載的 LUT 導入至剪映，並完成套用技巧。

Step ❶ 點選調節 /LUT/ 導入 LUT

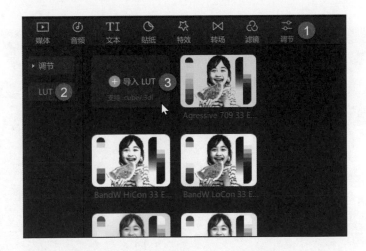

Step ② 開啟剛才下載的 LUT 檔位置，並全選 (Ctrl+A) 所有檔案後，開啟

Step ③ 共可匯入 35 個 LUT 素材包，我們可以先點選預覽，而後再添加到軌道中

Step 4 依序調整時長，以及其它調節參數自訂即可

18

關鍵幀設計

第 1 節　增刪關鍵幀

第 2 節　關鍵幀原理

第 3 節　移動特效

第 4 節　縮放特效

第 5 節　旋轉 + 縮放特效

視頻的基本單位即是以幀率構成，而關鍵幀的定義即是在某一幀打上一個特定標記，以進行移動、縮放、旋轉等參數設置，使得同一段素材中，因特定關鍵幀形成不同的變形與風格化等特效應用技巧。

第 1 節　增刪關鍵幀

我們先來了解如何增加、刪除關鍵幀操作技巧。

Step❶ 決定停駐時間點 (時間線)/ 畫面 / 基礎 / 縮放 / 增加關鍵幀 ♦

說明：增加關鍵幀：點選後會在所停駐的時間線位置，加上一個藍色標記 ♦ 即為關鍵幀所在時間點。

特別注意觀念的定義，增加關鍵幀時，除了增加藍色標記外，最重要的是系統會以上一個關鍵幀的參數同時複製 (如：上一個關鍵幀的旋轉、位置、縮放等數值參數都會同時複製)，因此若是需要還原設定時，需要再次檢查相關數值參數是否正確。

Step 2 刪除關鍵帳：將藍色標記再次點選一次，即刪除

Step 3 如圖所示，共有 3 個關鍵帳，但分別代表不同參數。

Step 4 移動時間線來查詢，第一個即為**縮放關鍵帳**(查看藍色標記對應參數主題)

Step 5 第二個即為位置關鍵幀 (查看藍色標記對應參數主題)

Step 6 第三個即為旋轉關鍵幀 (查看藍色標記對應參數主題)

說明：由此可知雖然在時間軌上的圖示長得一樣，但參數定義是不同的，所以記得若是要刪除關鍵幀，必須先移動時間線至關鍵幀標記上，對應參數面版中呈現藍色標記，即是該關鍵幀所定義的參數，如此才能正確刪除關鍵幀標記。

第 2 節　關鍵幀原理

在進行關鍵幀設定前，我們先了解基礎原理應用，而後才能清楚了解如何運用變化技巧。在此我們以兩點原理來說明其原理架構。

Step❶ 停駐所須時間點 (時間線)/ 增加**第一個縮放關鍵幀** (點按後呈藍色)

Step❷ 停駐第二個時間點 (時間線)/ 增加**第二個縮放關鍵幀** (點按後呈藍色)

Step ③ 改變第二個縮放關鍵幀，縮放比例為 50%

Step ④ 原理：A 點 100%--> 漸變縮放至 -->B 點 50%

說明：建構基礎兩個關鍵幀，於第二個關鍵幀進行變化設定

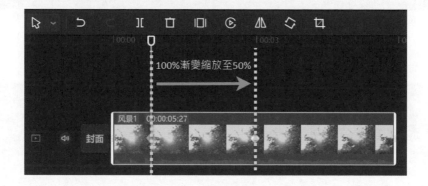

第 3 節　移動特效

我們來看看如何應用關鍵幀，來設計移動特效技巧。

Step 1 我們加入一個貼紙素材，添加到軌道中，並移動到我們所要的位置

Step 2 停駐所須時間點 (時間線)/ 位置 / 增加關鍵帳 (第 1 點關鍵帳)

Step ③ 移動時間線 / 位置 / 增加關鍵幀 (第 2 點關鍵幀)/ 將貼紙進行位置移動改變

Step ④ 重複動作：移動時間線 / 位置 / 增加關鍵幀 (第 3-5 點關鍵幀)/ 移動貼紙位置，最後播放看看效果

第 4 節　縮放特效

如何來設計縮放大小變化的關鍵幀，在此我們以 3 個關鍵幀來說明。

Step 1 移動時間線 / 縮放 100%/ 增加關鍵幀 (第 1 點關鍵幀)

Step 2 重複上述動作，共增加 3 個關鍵幀設定

Step 3 改變第二個關鍵幀縮放比例為 50%

Step❹ 播放測試：A 點 100%--> 漸變縮放至 -->B 點 50%--> C 點 100%

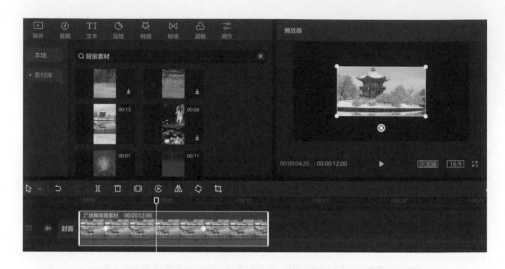

第 5 節　旋轉 + 縮放特效

同一素材中應用關鍵幀創意玩轉旋轉特效，在此我們以 3 個關鍵幀來說明。

Step❶ 分別移動 3 個不同時間點，並新增 3 個旋轉關鍵幀，第 1 個關鍵幀
(旋轉 0)

Step 2 移動至第二個關鍵幀，我們來設定旋轉 45 度

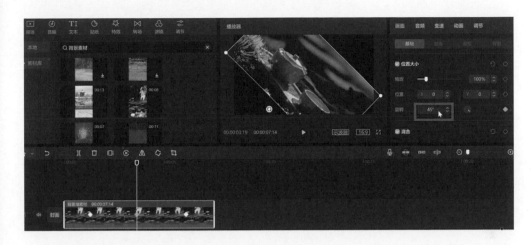

Step 3 同樣在第二個關鍵幀，我們再加設縮放 / 增加關鍵幀 / 縮放 50%，完成後播放測試

說明：操作重點請記得先加關鍵幀，而後再調整參數值

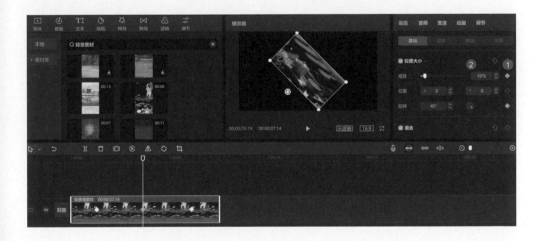

19

踩點視頻設計

第 1 節　導入音頻

第 2 節　自動踩點

第 3 節　手動踩點

第 4 節　刪除踩點

第 5 節　素材結合踩點

踩點視頻在視頻創作中，一直是最熱門的話題，強烈節奏感加上動畫、特效、轉場等所有功能集合應用，帶來不同的視覺與聽覺的衝擊效果，非常適合應用在短片與行銷宣傳的創意發想設計技巧。

讓我們先來了解什麼是卡點 (踩點)，所謂的踩點，意即將素材設置在踩點位置上，產生對應節奏的視覺結合聽覺的動感效果。而踩點標準是什麼呢？踩點即是在**音樂節奏上的鼓點**，我們可以由剪映自動踩點，但必須是剪映提供音樂素材，才有自動踩點，而外部音樂素材只能手動踩點。

第 1 節　導入音頻

決定音樂風格，選擇你要搭配媒體素材適用的音樂類型，在此我們以剪映音頻素材中的卡點音樂為例，因為此分類的音樂節奏鼓點強烈，具有時尚流行動感風格更適合應用在卡點特效設計。

Step ① 剪映音頻：停駐所需時間位置 (時間線)/ 音頻 / 音樂素材 / 卡點 / 自選曲目 / 添加至時間軌

Step ❷ 外部音頻：由媒體 / 導入 / 外部音樂素材

說明：外部音樂素材，只能以手動踩點進行設計，無法使用自動踩點

第 2 節　自動踩點

開始進行音樂的踩點設計，踩點後我們可以再評估媒體素材的數量是否需要再增加，如此視頻內容才會更加豐富與完整。

Step ❶ 點選音頻素材 (呈白色外框)/ 自動踩點 / 踩節拍 I

說明：注意，在此我們使用的是卡點素材庫的音樂，因此可自動踩點。踩點後在時間軌中呈現的黃點即為踩點標記，在此我們使用踩節拍 I，鼓點分佈較不密集，媒體素材數量較簡單設計。

Step 2 套用踩節拍 II，則踩點密度較多，相對準備的素材數量就要更多才能更豐富

Step 3 踩點數 = 媒體素材量 (在此我們以圖片素材為例說明)

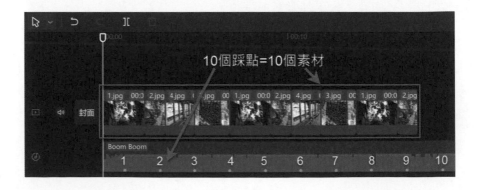

10個踩點=10個素材

第 3 節　手動踩點

由外部導入的音樂素材,因為不支援自動踩點,因此我們必須手動進行音樂的踩點位置設計。

Step 1 點選音頻素材 (呈白色外框)/ 決定踩點位置 (時間線)/ 點選手動踩點

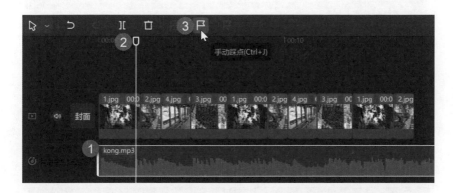

Step 2 踩點後,於音頻位置處即標示黃點標記

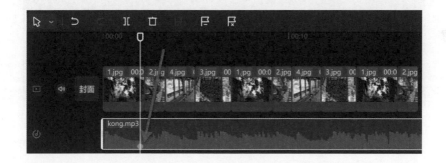

Step 3 重複動作:移動時間線、手動踩點直到完成所需卡點位置

說明:踩點位置,依據你想要的音樂節奏感較強的鼓點位置即可,可自由選擇。

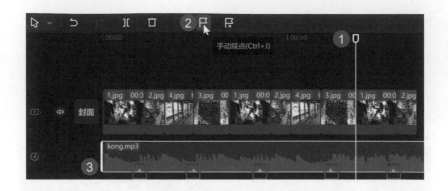

第 4 節 刪除踩點

Step 1 單一踩點刪除：點選音頻素材 / 移動時間線至踩點位置 (呈黃色標記) / 刪除踩點

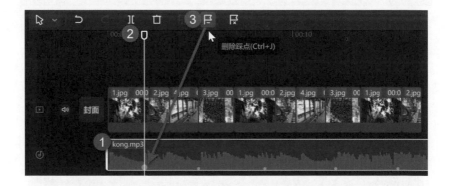

Step 2 全部刪除：點選音頻素材 (呈白色外框) / 清空踩點 (指全部刪除)

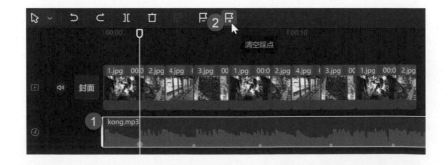

Step**3** 刪除後,時間軌上的黃色標記即消失

第 5 節　素材結合踩點

當所有踩點陸續完成後,接續讓我們來看看該如何將媒體素材結合在踩點位置上。

Step**1** 移動時間線至踩點位置上 / 縮放素材時長 / 右側終止線必須與踩點位置垂直對齊

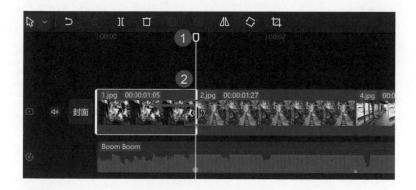

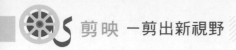
Step ❷ 為每個素材調整最後時長，對齊踩點位置，即完成踩點視頻設計。

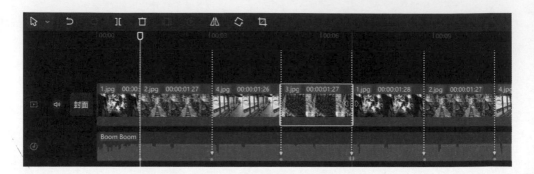

20

視頻導出

第 1 節　檔名與路徑

第 2 節　導出格式

當完成所有內容完成創作設計後，我們必須將所有設計元素進行包裝後一併導出，輸出視頻格式 *.mp4 檔，才能發布到所有社群媒體中進行影音格式的上傳。

Step 1 點選導出設定

Step 2 或是由菜單 / 文件 / 導出 (兩種操作方式均可)

第 1 節 檔名與路徑

Step **1** 設定導出檔案名稱

Step **2** 指定檔案儲存的位置 (檔案路徑)

Step ③ 在此我們將以原資料夾路徑存入 (可自行決定存放路徑)

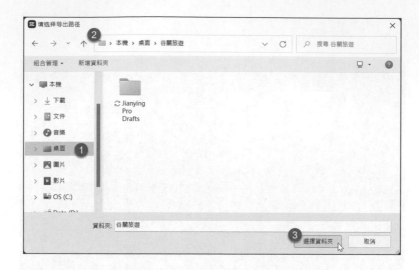

第 2 節　導出格式

Step ① 分辨率：即是解析度，衡量物體呈現細節的一個標準

說明：480P 為最低，而 4K 為最佳，在此我們可以通用標準至少 1080P 為主。

Step ❷ 輸出格式：剪映支援 mov、mp4 等兩類格式輸出 (在此選擇 mp4)

Step ❸ 幀率：剪映幀率最高 **60fps**，在此我們可以 **30fps** 設定即可 (可依需求自訂)

Step❹ 完成所有設定後，點選導出即可

Step❺ 等待導出設定直到完成 100%

Step 6 導出後我們可以直接發布到西瓜視頻、抖音，或是直接打開我們儲存的文件夾

Step 7 即可見我們輸出後的影片

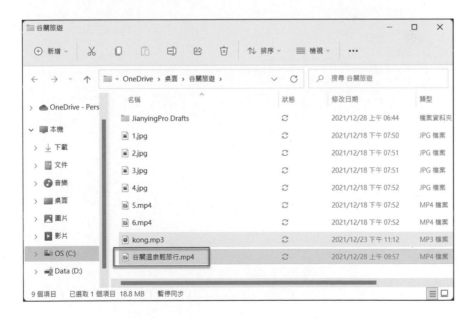

21

管理應用技巧篇

第 1 節　媒體丟失解決方式

第 2 節　安裝繁體中文字型

第 3 節　抖音官方版下載註冊

第 4 節　抖音國際版 TikTok 下載註冊

第 5 節　播放中看不見素材內容

第 6 節　無法進行踩點

第 7 節　轉場效果無法套用

第 8 節　圖片批量時長

第 9 節　直式文字設計

第 10 節　字幕簡轉繁

第 11 節　匯出 SRT 檔案

第 12 節　SRT 簡轉繁

第 13 節　視頻導出到抖音

第 1 節 媒體丟失解決方式

所謂的媒體丟失，即是原本匯入的素材，因為路徑改變或是檔案更名、移動、刪除等異動，致使在啟動草稿文件時，無法讀取素材路徑所造成的錯誤訊息提示，那麼該如何解決這樣的問題呢？我們可分為三種方式來解決問題。

◎ 第 1 項　　將原素材檔案移回

將所遺失的素材檔案，重新搬移回至原資料夾的路徑下，而後關閉草稿文件後，重新開啟，即可正常啟用編輯作業。

Step ❶ 素材位置移動到資料夾外，造成媒體遺失錯誤訊息

Step ❷ 將素材檔案移回至資料夾，並關閉檔案重新啟動，即可正常。

🌀 第 2 項 　 重新鏈接媒體

重新指定素材的鏈接位置，簡單的説即是重新指定素材存放的路徑，在此稱為
鏈接媒體。

Step ① 於媒體素材上，點選右鍵 / 鏈接媒體

Step 2 重新指定素材的存放位置

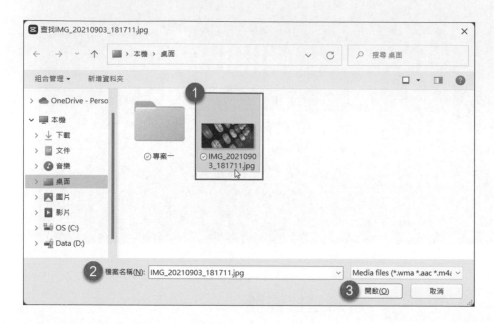

Step 3 重新鏈接後，即可正常顯示

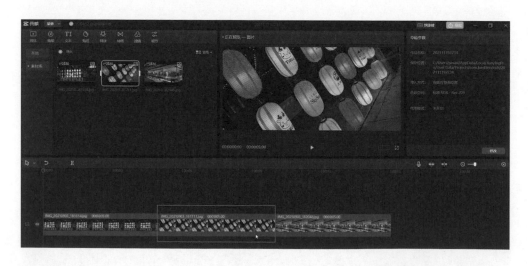

🔄 第 3 項　複製至草稿

在剪映中媒體素材都是以連結的方式寫至草稿文件中，為避免媒體素材的連結失效，我們可以以複製至草稿方式，來改變目前這份草稿媒體儲存的方式。

所謂的複製至草稿，即是在媒體素材導入後，將媒體素材以複製一份至草稿的方式進行儲存，如此一來即使原匯入的資料夾異動，也不影響草稿文件，即可減少媒體丟失的問題。

Step ❶ 開始創作 / 創建一份新的文件

Step ② 導入媒體素材

Step ③ 添加一段素材到軌道

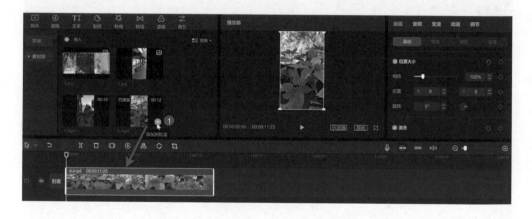

Step 4 取消媒體素材選取 (無白色外框呈現)/ 修改

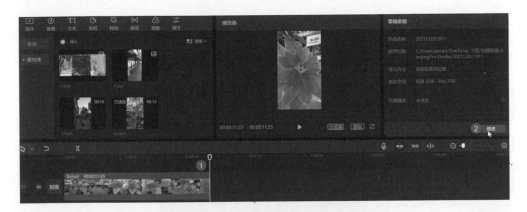

Step 5 點選複製至草稿 / 保存

Step 6 我們來查看草稿位置參數

Step 7 開啟參數中對應路徑位置

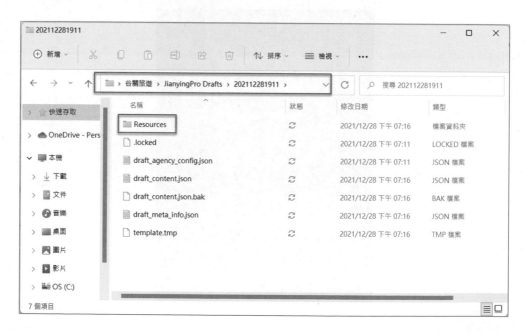

Step 8 開啟 草稿文件 \Resources\local 資料夾，即可見對應媒體素材區所導入的素材內容

Step 9 再次導入新的素材，我們來看看有什麼變化

Step ⑩ 新素材的內容

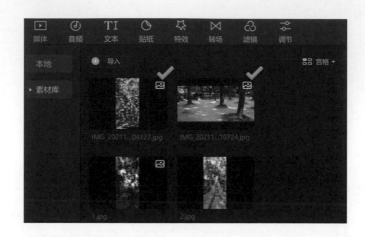

Step ⑪ 我們來看看資料夾的內容，同步複製完成

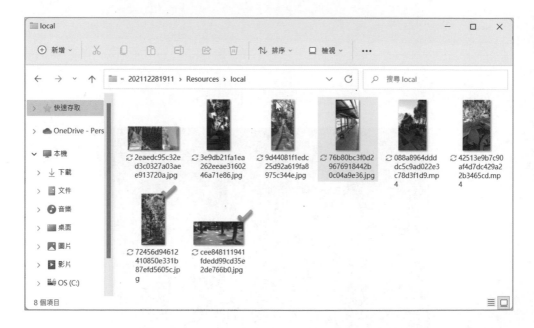

Step ⑫ 注意事項：每次創建新草稿時，系統預設仍是以**保留在原有位置**為主要設定

說明：複製至草稿設定僅限目前正在編輯的草稿文件有效，而後新創建的草稿都需要手動再設定一次。

第 2 節　安裝繁體中文字型

第 1 項　查看剪映版本

剪映版本只要是高於 1.4.1 版以後，已經可支援系統字型，簡單的說只要是安裝在 Windows 系統中的字型，剪映即可自動讀取到字型檔，並且直接套用繁體中文字型。

Step 1 首先查看剪映版本，點選菜單／幫助／關於

Step 2 查看目前版

Step 3 最新版更新，可至剪映官方 https://lv.ulikecam.com/ 下載即可

第 2 項　安裝 Google Font 字型

在此我們將說明如何下載 Google Font 繁體中文字型與安裝作業程序。

Step 1 搜尋 Google Font 或 連結至官方網站 https://fonts.google.com/

Step 2 點選 Language 語系

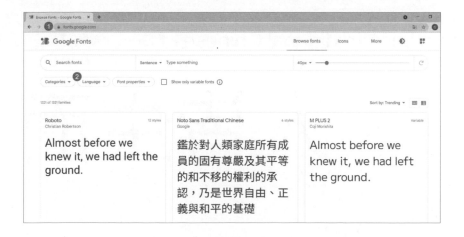

Step ③ 選擇 Chinese(Traditional) 繁體中文

Step ④ 共兩類字形

分別為 Noto Sans Traditional Chinese 6 styles 以及 Noto Serif Traditional Chinese 7 styles。

Step ⑤ 分別點選 (字型名稱) 即可進入下載頁面，開始下載

Step 6 下載後於本機 / 下載 / 即可見該檔案

Step 7 點選右鍵 / 解壓縮全部

說明：我們必須先將檔案解壓縮後，才可使用該字型中的 6 個檔案。

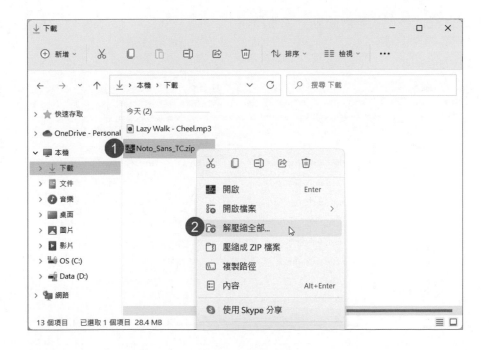

Step❽ 點選解壓縮

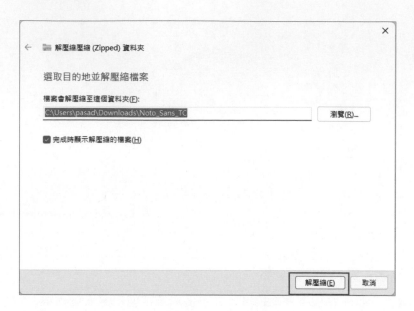

Step❾ 完成字型檔案解壓縮，如圖所示

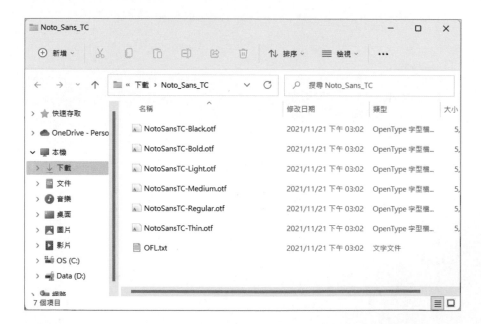

Step 10 字型上左鍵點選 2 下，即可進行字型安裝

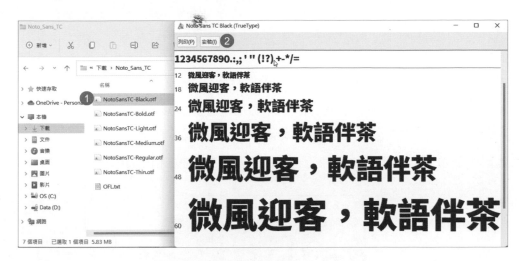

Step 11 剪映下即可使用繁體中文字型

注意：字型安裝完成後，建議重新開機，字型才可正常使用哦！

第 3 節　抖音官方版下載註冊

抖音官方版註冊程序，必須先於手機完成抖音 APP 下載並安裝後，進行帳號註冊，而後才能啟動抖音網頁版登入作業。簡單的說即是以手機版的抖音 APP 掃描二維碼 (我們所謂的 QR Code) 來進行網頁版驗證登入作業。

讓我們先來認識什麼是抖音官方版？什麼是抖音國際版 (TikTok) ？官方版與國際版不僅主程式功能不同，包含下載安裝方式也不同。

說明：安裝後 1. 抖音官方版　2. 抖音國際版 TikTok 在名稱上即可識別。

抖音官方版，也可稱為大陸抖音版，下載方式需要先連結至抖音官方網站或是下載騰訊應用寶後，才能搜尋到抖音 *.apk 檔，並且於下載後自行安裝應用程式才可使用。

而抖音國際版，即是我們一般所稱的 TikTok，下載與安裝只要透過 Play 商店搜尋 TikTok 即可自動完成安裝作業，IOS 系統的朋友們則必須到 Apple Store 搜尋下載。

第 1 項　抖音官方下載

Step❶ 首先我們利用手機搜尋抖音官方網站

Step❷ 點選立即下載

Step 3 再次點選立即下載

Step 4 下載後 / 點選開啟即可

說明：在此的下載教學均以官方網站的資源為主要下載來源，請勿安裝其它來源不明的網站資源。

Step 5 接續開始進行抖音安裝

Step⑥ 安裝作業執行中

Step⑦ 完成安裝後的抖音

第 2 項　抖音帳號註冊

完成下載作業後，我們只要直接開啟抖音，可自訂允許部份相關權限後，即可
進入抖音主視窗。

Step ① 點選右下角圖示，進行註冊

Step ② 選擇中國台灣 886/ 輸入台灣手機號碼 / V 已閱讀並同意 / 驗證並登錄

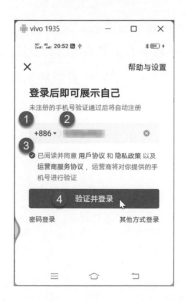

Step ❸ 或是 以其他方式登錄

說明：在此朋友們若是有以下平台帳號，也可直接點選後綁定登入。

Step ❹ 輸入簡訊驗證碼／直接關閉實名認證引導

說明：在此我們以台灣手機為例完成註冊說明，關於實名認證與手機認證有需要的朋友們，可以依步驟引導完成設置，對於無大陸相關證件的朋友們，直接點選關閉即可，仍然可以順利註冊完成，只是部份功能未開放使用，但不影響我們在抖音上的瀏覽與發布功能。

Step **5** 點選跳過

Step❻ 完成後，再次於首頁中，點選"我"，即可進入個人帳號資料頁

第 3 項　抖音網頁版登入

完成了手機版抖音 APP 下載並註冊後，進入抖音網頁版中，點選登錄後即可以二維碼 (QR Code) 方式，利用手機掃描後完成登入作業。

Step❶ 首先連結至抖音官方頁 https://www.douyin.com / 點選登錄

Step 2 開啟手機版 / 抖音 APP/ 點選右上搜尋

Step ③ 點選掃描

Step ④ 掃描抖音官方頁的二維碼 (QR Code)，即可完成登錄作業

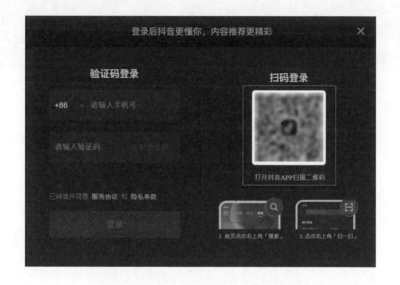

第 4 節　抖音國際版 TikTok 下載註冊

抖音國際版 TikTok，是許多大陸以外的國家所普遍使用的抖音版本，提供最快速最簡易的安裝，以及多元化的帳號註冊類型，例如：電話或電子郵件、Facebook、Google、Line、Twitter、Kakaotalk 等社群媒體帳號均可直接註冊，更無需實名認證，即可輕鬆完成註冊作業。非常適合短視頻創作的朋友們，作品發布與分享的平台。

Step ❶ 進入 Play 商店 / 搜尋 /TikTok/ 安裝

說明：Iphone 手機的朋友們，請進入 Apple Store 搜尋後安裝

Step ❷ 安裝後 TikTok 圖示

Step ❸ 啟動後，點選同意並繼續

Step ❹ 點選確定

Step ⑤ 選擇您感興趣的內容由官方主動為您推薦 / 下一步

Step ⑥ 操作說明引導，進入官方頁面後向上滑動，即可瀏覽所有 TikTok 創作者影片，點選開始觀看

Step **7** 點選個人資料／設定個人帳號

Step ⑧ 點選註冊帳號

Step ⑨ 自選一類型綁定帳號即可完成註冊，在此我們以 Google 為例

Step ⑩ 選擇你要綁定的 Google 帳號

Step ⑪ 回至首頁後，再次點選個人資料，即可看見個人帳號頁完成註冊

第 5 節　播放中看不見素材內容

時間軸的顯示是先由上 (最上層)，而下 (最下層) 的顯示控制，所以當素材內
容重疊時，就會形成上方遮住下方內容的問題，在不改變時間軸順序的前提下，
我們可以直接利用層級方式，將順序重新調整。

Step① 讓我們先來看,原始時間軸的圖層結構

說明:在進行插入素材的順序時,系統即決定層級的順序,因此由上至下為層級 2、層級 1、主軌道;此時因為三個時間軌重疊,所以只能看見層級 2 的素材內容,其餘完全無法呈現。

Step② 解決方式一:將素材時間進行交錯排列,即可完全呈現

Step❸ 也可以置於主軌道上並列 (形成同一列)

Step❹ 解決方式二：改變層級，點選欲顯示的素材，將層級向上調整

說明：層級數字越大越上層；數字越小越底層

改變層級：以層級 2 定義

Step 5 想改變層級卻無法點選？

Step 6 層級設定要件：1. 時間線一定要停駐在該素材內，2. 點選素材 (呈白色外框) 才可設定層級。

第 6 節　無法進行踩點

想要進行踩點設計，為何無法點選踩點功能？

Step ① 踩點設計時，為何找不到踩點工具？

說明：因為沒有點選音頻素材，故系統無法識別踩點位置所在。

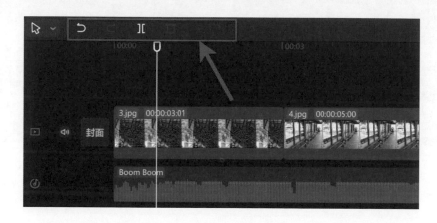

Step ② 首先必須點選音頻素材 (呈白色外框) 才可進行踩點設計

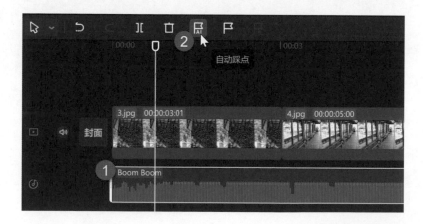

Step 3 剪映素材庫的音頻才有提供自動踩點，若是外部導入的音頻只提供手動踩點

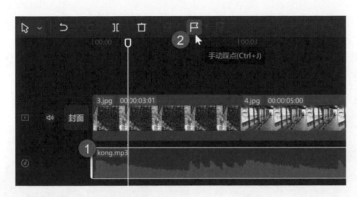

第 7 節　轉場效果無法套用

由於轉場效果限定，視頻素材必須要在**主軌道上**，才可以套用轉場效果，然而若是其它軌道素材，也希望有轉場時，我們該如何應用這類技巧來自訂轉場設計？答案是關鍵幀技巧。

Step 1 例如：我們希望將其它軌道上的兩素材進行轉場，此時系統訊息 (主軌道中需要有兩段視頻才能添加轉場)

Step ❷ 我們以關鍵幀方式完成轉場設計：首先將兩素材進行上下並列，並於希望轉場的位置，進行部份重疊，如圖所示

說明：重疊的部份即是我們希望進行轉場設計的時長區段，可自由調整

Step ❸ 設定 A 關鍵幀：將時間線停駐在素材 2 最左方 / 畫面 / 不透明度 / 添加關鍵幀

說明：我們先設定 A、B 兩點關鍵幀，不透明度均為 100%

Step ④ 設定 B 關鍵幀：參考片段 1 的結束點，移動時間線，點選素材 2/ 畫面 / 不透明度 / 添加關鍵幀

說明：此時即完成 A、B 兩點關鍵幀設定，不透明度均為 100%。

Step ⑤ 返回第 1 個關鍵幀，進行不透明度設定：50%(數值大小可自定)

Step 6 播放測試，即完成應用關鍵幀設計淡入轉場技巧

說明：原理即是由 A 點 -B 點漸進式不透明度 50%-100% 的漸變效果。

第 8 節　圖片批量時長

在系統預設中，圖片素材導入至時間軌後，預設播放時長為 5 秒，若是需要
調整時長只能左鍵拖拉移動來改變時長的變化，因為目前版本並未提供設定視
窗，所以只能藉由手動逐一調整，然而若是圖片數量非常多時，該如何快速調
整時長呢？不妨以變速思考來進行設計，讓我們來看看如何操作。

Step 1 系統預設，圖片素材每張 5 秒時長 (3 張素材，總時長 15 秒)

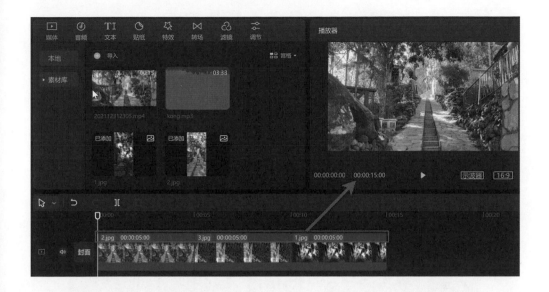

Step 2 首先將其內容導出形成影片 **mp4** 格式，才能進行變速設置

Step ❸ 在此自訂作品名稱後，以預設格式進行導出設定

Step ❹ 重新開啟新草稿創作，並導入剛才導出的視頻 (例：圖片批量時長 .mp4)

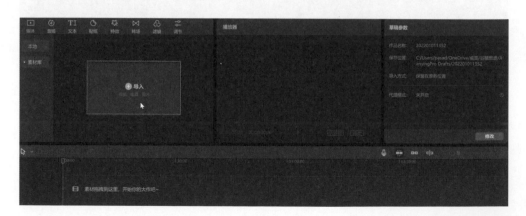

Step ⑤ 點選剛才導出的視頻素材 / 開啟 (例：圖片批量時長 .mp4)

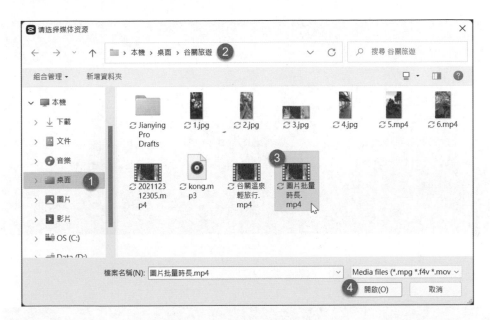

Step ⑥ 增加時長：導入素材於時間軌 / 變速 / 常規變速 / 以時長定義 30 秒 (系統自動換算倍數為 0.5X 倍數)

說明：原素材為 15 秒的視頻，改以 30 秒速度播放，等同每張素材延長至 10 秒播放原理，以此類推。

Step ⑦ 減少時長：即將原時長秒數縮短，如：7 秒 (即快轉 2.1x 倍數)

Step ⑧ 確認時長後，再進行最後導出即可

第 9 節　直式文字設計

在文本中系統預設下，都是以水平文字輸入與編排，然而若是我們需要進行直式文字設計，以及多行文字編排時，我們該如何設計呢？

Step 1 添加一文本素材 / 於右側文本視窗中進行內容修改

Step 2 點選文本素材 / 文本 / 基礎 / 修改文字內容

Step ③ 點選文本素材 / 文本 / 基礎 / 排列 / 直排

Step ④ 我們也可以加設文字間距，讓文字間產生間距

Step **5** 多行編排：多行文字輸入以 Enter 換行，適用於品牌宣傳

Step **6** 點選文本素材 / 文本 / 基礎 / 排列 / 行間距 / 對齊方式 (自訂)
說明：多行文字輸入，則對齊應用選擇可自由調整

第 10 節　字幕簡轉繁

在此的字幕簡轉繁的定義與字型是不同的，由於剪映下的字幕，系統預設為簡
體字，因此對於絕大多數的使用者還是需要以繁體字來顯示才能看得懂，因此
我們來看看如何在剪映下，直接將簡體字幕轉換成繁體字幕效果。

首先我們必須先下載一個字型檔：文泉驛微米黑 - 簡轉繁 .ttf，可直接於網路搜
尋後下載。

Step 1 下載後，左鍵二下進行字型安裝

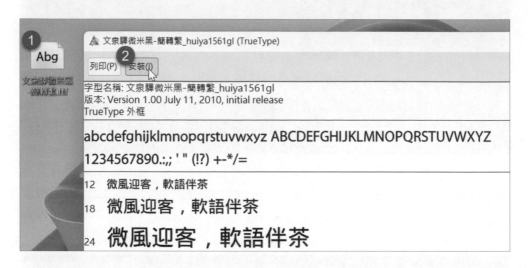

Step 2 返回至剪映編輯視窗，原字幕均為簡體中文

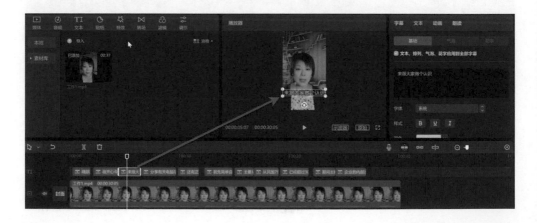

Step 3 點選文本 / 字體 / 系統字型類 / 文泉驛微米黑 - 簡轉繁 .ttf，點選套用，即完成簡轉繁設定。

說明：簡轉繁設定，只要點選一次即所有字幕均自動完成轉換設定。

第 11 節　匯出 SRT 檔案

剪映中雖然提供了自動識別字幕功能，但卻沒有提供使用者可將字幕檔匯出 SRT 功能設定，然而朋友們一定會問為什麼還要匯出 SRT 字幕檔呢？

簡單的說，在專業創作中以及發布平台的考量下，一般我們會利用剪映的智能字幕功能快速產生字幕，再由其它軟體 (Premiere、威力導演等) 匯入字幕檔後，進行其它的編修設計。

更多需求來自於平台的規定，如：發布至 Youtube 若是需要設定 CC 字幕，則必須要有 SRT 檔才可匯入，還有知識型的線上課程發布平台，不建議創作者將字幕直接設計在視頻上方，而建議以 CC 字幕來進行字幕匯入等，都會因為不同的需求，而需要匯出 SRT 字幕檔以供備存。

因此我們可以利用工具資源來解決匯出 SRT 檔的需求設計，在此我們介紹一個線上網頁版，直接於線上進行轉換即可，當然也有許多網友有開發專用工具，有興趣的朋友們也都可以試試看囉。

Step ① 連結至：https://jy.mzh.ren/

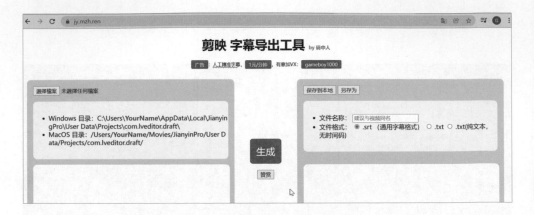

Step ② 進行搜尋前，請先於檔案總管下 / 開啟檢視 / 顯示 /☑ 隱藏的項目 才會顯示隱藏檔的名稱 (如：畫面中淡黃色資料夾圖示，即是隱藏屬性的資料夾)

Step 3 返回至 https://jy.mzh.ren / 選擇檔案 / 依畫面中提示找尋對應位置

說明：若是未曾變更草稿路徑的朋友們，則以畫面中找尋系統預設路徑。

Step 4 若是已異動過草稿路徑的朋友們，參數面版中的路徑為主要搜尋位置

說明：在此我們以現在的草稿位置進行搜尋

Step ⑤ C:/Users/pasad/OneDrive/ 桌 面 / 谷 關 旅 遊 /JianyingPro Drafts/ 202201011458/draft_content.json/ 開啟為例

Step ⑥ 按下生成，即產生右側字幕檔，並點選文件格式 ⊙.srt (適用字幕格式)

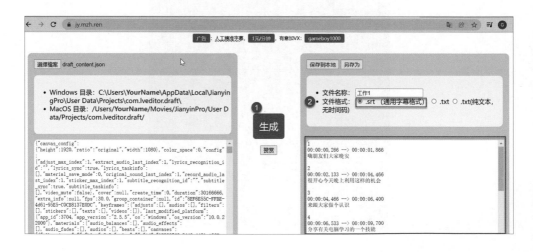

Step❼ 輸入文件名稱，並進行保存 (儲存檔案)

Step❽ 即完成字幕檔儲存作業

第 12 節　SRT 簡轉繁

當 SRT 檔案匯出後，朋友們會發現字幕依然是簡體字內容，在此我們可以利用
最便捷的工具 WORD 來完成簡轉繁的設定。

Step ❶ 於 SRT 檔案 / 右鍵 / 開啟檔案 / 選擇其它應用程式

Step ❷ 點選更多應用程式

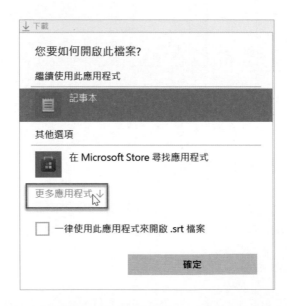

Step 3 找尋 Word 應用程式，開啟檔案

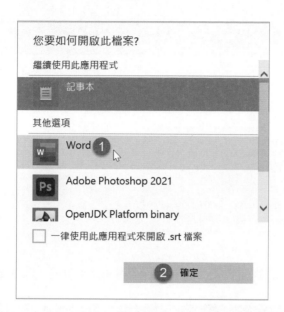

Step 4 檔案轉換 / 其它編碼方式 /Unicode(UTF-8)/ 確定

Step⑤ 進入 Word 完成檔案開啟作業

Step⑥ Ctrl+A 全選本文內容 / 校閱 / 簡轉繁 即自動完成簡轉繁設定

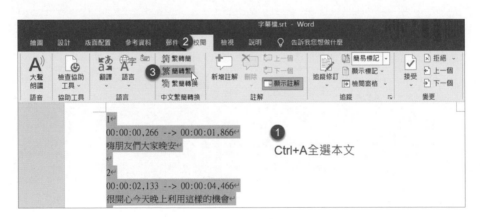

Step ⑦ 完成後重新儲存檔案 / 是 即完成轉換存檔

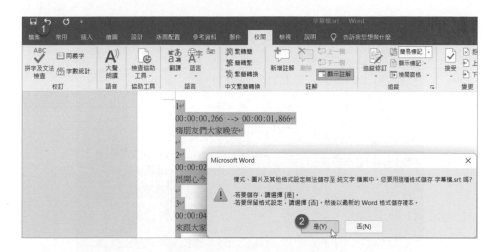

第 13 節　視頻導出到抖音

我們要如何將創作的視頻發布到抖音平台呢？在此我們以抖音網頁版操作說明。

Step ① 連結至抖音官方網頁 https://www.douyin.com/ ，點選右上角登錄

Step ② 以手機抖音 APP 掃描二維碼完成登錄

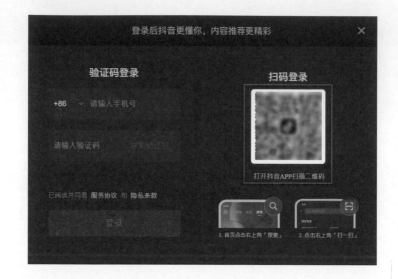

Step ③ 登入後，即可點選發布視頻

Step ④ 點選圖示進行上傳

Step⑤ 指定要上傳的檔案 *.mp4 / 開啟

Step⑥ 等待發布上傳至 100%

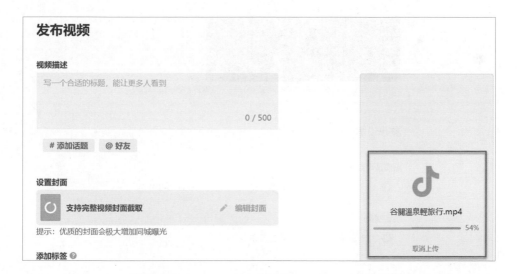

Step 7 依序完成相關設定 (部份資訊可省略不填)

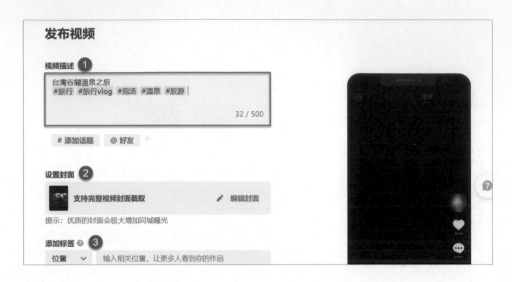

Step 8 點選發布,即正式上傳至抖音,完成後亦可於手機版同步觀看

22

精彩創意技法特輯

特效技巧 1、　水墨片頭

特效技巧 2、　古風文字動畫

特效技巧 3、　水墨轉場

特效技巧 4、　轉場推屏

特效技巧 5、　蒙版推屏

特效技巧 6、　蒙版特效鏡頭

特效技巧 7、　拼圖特效鏡頭

特效技巧 8、　圖片踩點動畫

特效技巧 9、　夢幻天空旅程

特效技巧 10、　魔幻粒子星空

特效技巧 11、　文字烟霧消散效果

特效技巧 12、　人物穿透文字

在熟悉並了解以上的各類工具技巧後，讓我們來看看還有哪些特效應用，可以為我們帶來更多創意技巧與創作靈感發想，在此我們集合了水墨片頭、古風文字動畫、水墨轉場、轉場推屏、蒙版推屏、蒙版特效鏡頭、拼圖特效鏡頭、圖片踩點動畫、夢幻天空旅程、魔幻粒子星空、文字烟霧消散效果、人物穿透文字等 12 大常用技法，結合所有工具來整合應用學習以範例導入建構並說明設計技巧，讓你也能輕而易剪完成個人影片大作。

特效技巧 1、水墨片頭

各位是否記得在古裝劇中，我們常看見片頭以水墨潑畫的方式來呈現的轉場特效，沒錯！在剪映中你也能輕鬆完成這類的創意設計，利用豐富的素材庫資源，就可以輕鬆完成古風系列影片中常見的幾類特效技巧。

Step❶ 導入素材：媒體 / 素材庫 / 古風 / 自選一段素材

說明：朋友們可以直接使用剪映素材庫資源完成所有設計練習。

Step 2 將視頻原始尺寸：修改為 16:9

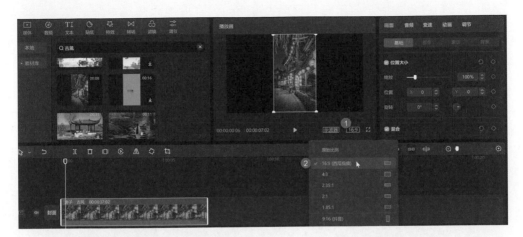

Step 3 並將導入的素材也同步裁剪 16:9：點選素材 (呈白色外框) / 裁剪

說明：由於素材為直式，為使呈現全螢幕播放效果，素材比例我們也一併裁剪

為 16:9

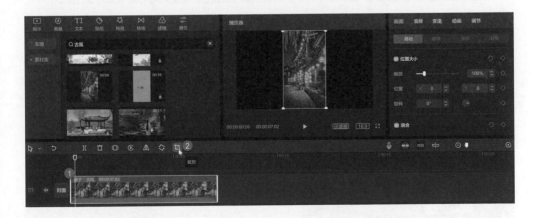

Step④ 裁剪 16:9，並截取最適合的畫面位置

說明：移動白色外框，將所想要呈現的畫面包含在框線內側

Step⑤ 加入水墨素材：決定停駐位置 (時間線) / 媒體 / 素材庫 / 水墨 / 自選
一項 / 添加到軌道

說明：水墨效果非常多，朋友們可以自己觀看喜愛的效果加入使用

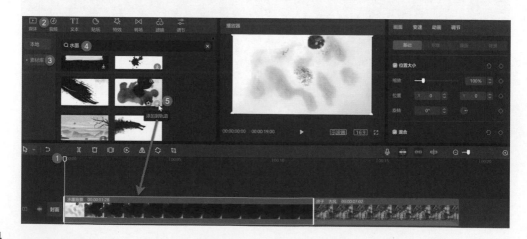

Step❻ 左鍵拖拉移動，移動至視頻素材上方，將時間軌呈上下並列

說明：將水墨素材排列至上層。

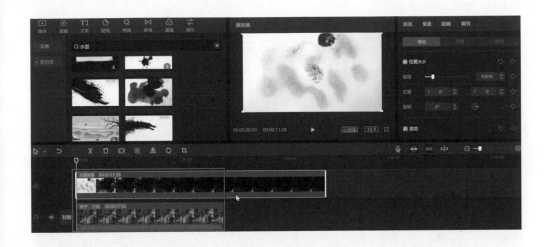

Step❼ 也可以部份交錯設計，呈現不同風格

Step 8 分割並刪除多餘片段：移動時間線至最後 / 點選水墨素材 / 分割 /
Delete 刪除多餘片段

說明：也可以直接左拖拉水墨素材右側邊線，向內縮減即為刪除。

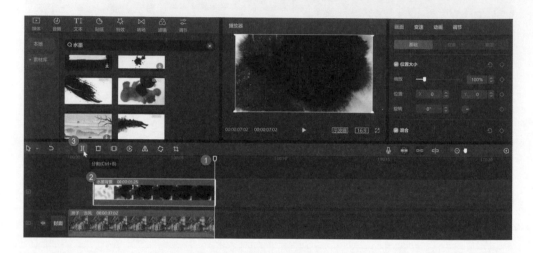

Step 9 設定混合模式：點選水墨素材 / 畫面 / 混合 / 混合模式 / 濾色

說明：混合模式下的不同類型會創建不同風格的水墨效果，不妨試試看。

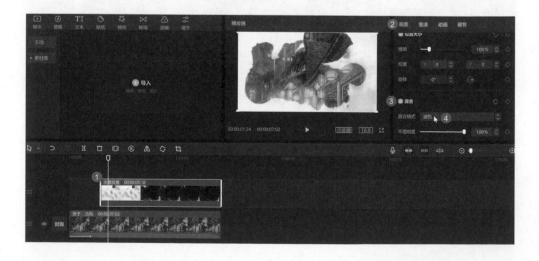

Step ⑩ 影片素材加入動畫：點選下方影片素材 / 動畫 / 入場 / 漸顯 / 動畫時長：
1 秒

Step ⑪ 完美的古風片頭播放測試：並微調水墨素材與音樂結合時間

Step 12 關閉原素材背景音

Step 13 加入音頻：移動時間線至起點處 / 音頻 / 搜尋：古風 / 自選一曲目 / 添加到軌道

22-8

Step ⑭ 移動時間線至素材最後方，點選分割將音頻裁剪與視頻相等時長

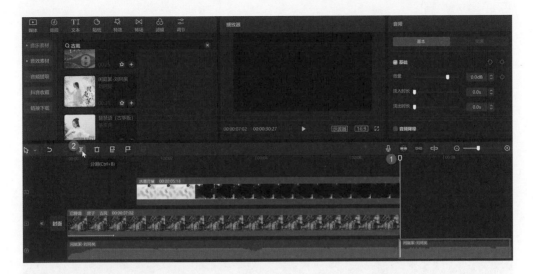

Step ⑮ 將分割後的素材，按 Delete 鍵刪除

Step ⑯ 音頻調整：點選音頻素材 / 基本 / 淡入時長、淡出時長可自定秒數，
完成播放觀看

━━ 特效技巧 2、古風文字動畫 ━━

在完成了古風動畫片頭後，我們可以加入主題標語文字，來做為開場的準備，
例如：節目名稱、主題介紹等等，因此我們將應用文本素材結合動畫縮放效果，
並應用時間軸的交錯設計，來呈現不同於一般靜態文字的特效技巧。

Step ① 決定文字出現位置 (時間線)/ 文本 / 新建文本 / 收藏 / 默認文本 / 添加到軌道

Step ② 點選文本素材 / 文本 / 基礎 / 輸入文字內容 / 自訂所需字型格式 / 並縮放大小移動位置

說明：多行文字輸入時，若需要換行排列，按 Enter 鍵即可。

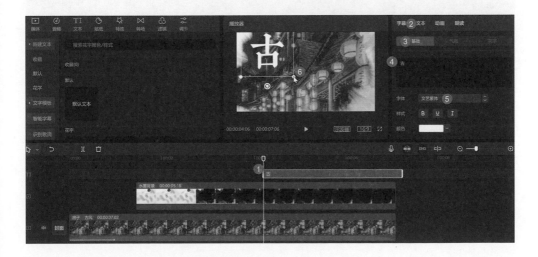

Step ❸ 點選文字素材 / 動畫 / 入場 / 縮小 / 調整動畫時長 1.2 秒

說明：動畫中有著許多適合應用古風文字的類型，例如：逐字顯影、羽化向左擦開等各項動畫效果都可依需求選擇你最喜愛的設計項目即可。

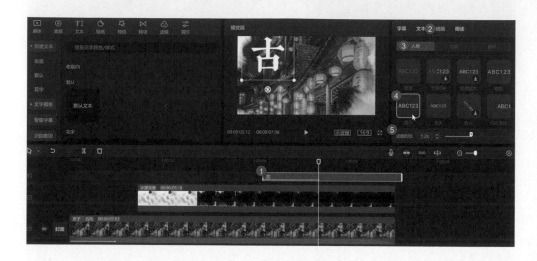

Step ❹ 複製素材 (複製古字素材)：點選文本素材 / 右鍵 / 複製

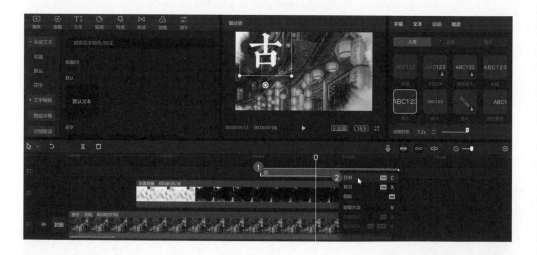

Step 5 粘貼素材：上方時間軌空白處 / 右鍵 / 粘貼素材

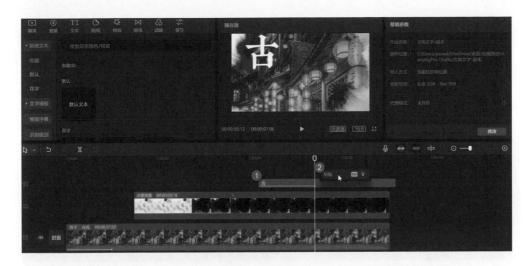

Step 6 修改文字內容：將文字改為 "風" ，並將兩時間軸交錯排列

說明：交錯設計主要目的是為了呈現出時間差，當素材 1 出現幾秒後，素材 2 才出現的特效應用，如同："古"字動畫完成後，再出現"風"字效果

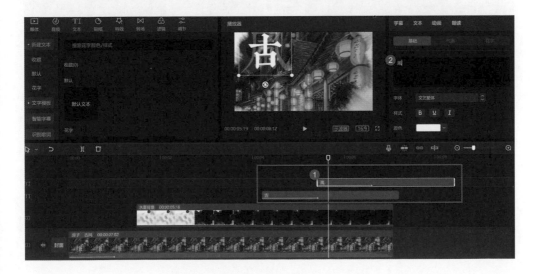

Step **7** 將畫面中 "風" 字移動位置，與古字進行交錯放置

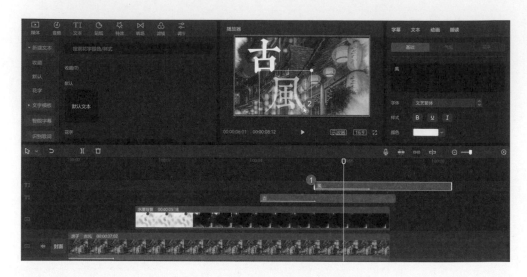

Step **8** 最後將兩素材的結束時間，調整與視頻等長

Step ❾ 加入配樂：將時間線移至起點處，關閉原聲 / 音頻 / 搜尋：古風 / 添加音頻素材

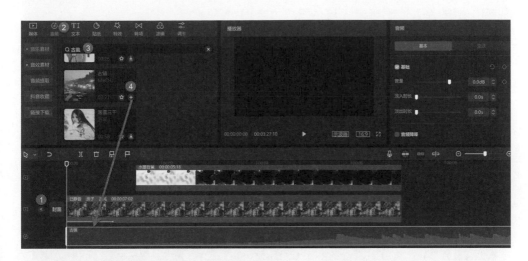

Step ❿ 分割音頻，並將多餘片段刪除

Step ⑪ 點選音頻 / 加入淡入、淡出時長，完成後觀看效果，並導出視頻輸出即可

說明：關於淡入淡出設定，可依需求自定即可

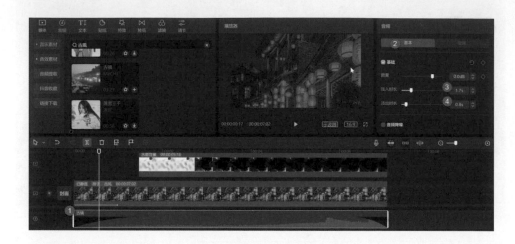

特效技巧 3、水墨轉場

水墨效果我們也可以應用在轉場特效中，除了結合上述片頭技巧外，我們以多段水墨素材結合，並利用倒放、鏡像等技巧，可以呈現出不同的翻轉特效應用。

Step ① 安排所需的素材片段，並列於同一時間軌

說明：素材導入可直接利用媒體 / 素材庫 / 搜尋：水墨、古風即可找到適用的類型。

Step ② 搜尋水墨素材：在此我們導入一段直式水墨素材

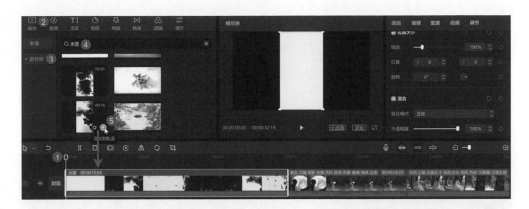

Step ③ 拖拉移動至上方，形成上下並列

Step ④ 點選水墨素材 (呈白色外框) / 縮放大小至全螢幕比例

說明：也可以裁剪方式進行 16:9 裁剪，使水墨素材與視頻比例相同

Step ⑤ 播放測試，水墨效果

Step⑥ 我們玩些變化：水墨素材鏡像 (水平翻轉)，觀看設定後效果

Step⑦ 或是將水墨素材倒放：點選水墨素材 / 倒放

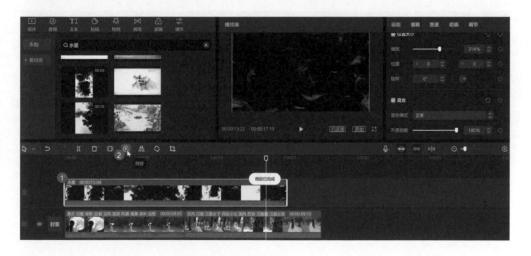

Step 8 調整混合模式：點選水墨素材 / 畫面 / 混合 / 混合模式 / 濾色

Step 9 再將後方加入另一水墨素材，並裁剪同視頻素材相同時長

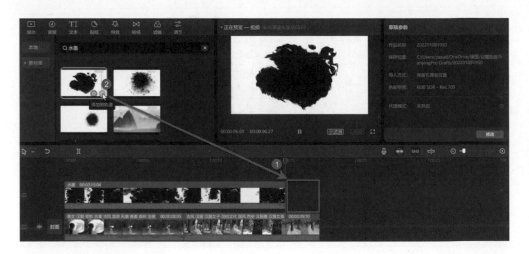

Step ⑩ 裁剪水墨素材時長：可以縮減後方，也可以縮減前方，找出自己喜愛的片段即可

說明：由於水墨素材時長，無法以左鍵拖拉延長，因此可以利用以下兩項技巧完成設計，第 1 即是利用原來的水墨素材複製，重複粘貼後再裁剪多餘時長，第 2 加入新的水墨素材，呈現不一樣的風格，設計變化，可自由發揮。

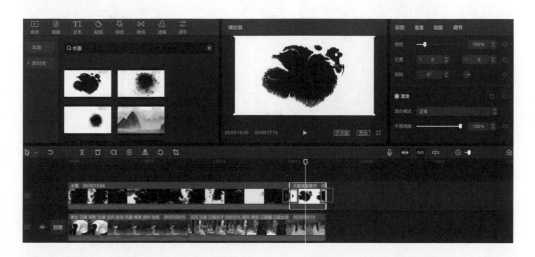

Step ⑪ 調整混合模式為濾色，即完成水墨轉場設計

Step ⑫ 加入配樂：將時間線移至起點處，關閉原聲／音頻／搜尋：古風／添加到軌道

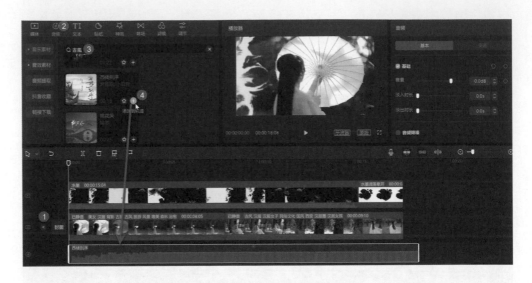

Step ⑬ 縮減音頻時長，與素材時長相同

Step ⑭ 點選音頻／基本／淡入、淡出時長自訂，完成後播放效果，導出並輸出視頻即可

━━ 特效技巧 **4**、轉場推屏 ━━

轉場特效工具應用重點，必須符合以下條件才能成功套用，第 1 僅針對主軌道上的素材可套用，第 2 僅套用至兩個獨立片段的中間，第 3 素材呈現左右並列特性，因此在無法滿足上述 3 點條件的情形下，若是需要應用轉場時，則需要應用其它技巧來解決轉場需求，在此我們將示範兩類型的推屏、分屏轉場設計。

Step ❶ 在主軌道上，並列 3 個或更多所需要的素材 (以左右並列放置)
說明： 3 段素材分別為獨立片段內容，若是只有單一素材，則可以利用分割方式完成多片段視頻。

Step ② 點選轉場 / 特效轉場 / 添加到軌道

說明：此時系統自動套用至第 1、第 2 片段中間位置

Step❸ 我們也可以左鍵拖拉決定放置位置

Step❹ 我們可以改變時長 (即改變轉場速度)，並且應用至全部

說明：在此各位即可見為主軌道上並列素材所套用的轉場推屏、分屏效果設計。

Step 5 加入配樂：移動時間線至起點，關閉原聲 / 音頻 /VLOG/ 添加音頻至軌道

Step 6 移動時間線至最後方，調整同素材等長 / 分割 / 按 Delete 刪除多餘片段

Step ⑦ 點選音頻素材 (呈白色外框)/ 基本 / 淡入、淡出時長自訂，完成播放效果，導出並輸出視頻即可

特效技巧 5、蒙版推屏

蒙版推屏設計，即是解決當轉場無法套用時，所應用的另一轉場技巧，主要特色在於 1. 素材不在主軌道上，但需要進行轉場 2. 利用蒙版的套用更可變化出許多不同的轉場效果，在此我們更結合了關鍵幀與蒙版整合設計，如此將更加了解各項工具的變化使用技巧。

Step ① 將素材呈現上下並列，並且每段素材後，與下段素材間形成部份重疊排列

說明：重疊的範圍可視為需要轉場的時長，重疊越多轉場時間越長，重疊越少轉場時間越短。

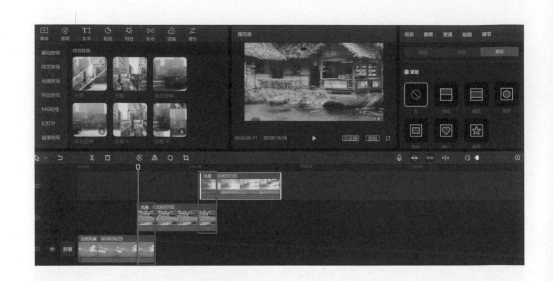

Step ❷ 將時間線移至素材 2 起點處 / 點選素材 2/ 套用線性蒙版 / 添加關鍵幀
(A 點)

說明：我們將以 2 個關鍵幀完成蒙版推屏與分屏設計

Step ❸ 改變蒙版大小，向上拖拉縮放比例大小

說明：仍停駐在 A 點關鍵幀，將蒙版縮小如圖

Step ❹ 移動時間線到素材 1 最後方 / 再次添加蒙版關鍵幀 (B 點)

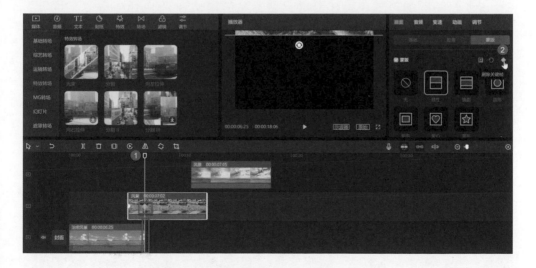

Step❺ 依序停駐在 B 點關鍵幀 / 將蒙版縮放至全螢幕 (即完全呈現素材 2 內容)

說明：關鍵幀原理 A 點 (縮小蒙版)-B 點 (放大蒙版) 原理設計

Step❻ 將時間線停駐在第 3 素材起點，點選素材 3(呈白色外框)/ 畫面 / 蒙版矩形 / 添加關鍵幀 (A 點)

Step **7** 縮放比例呈直線效果，也可以縮放至閉合狀態，屆時播放效果更具
特色

Step **8** 延伸長度至螢幕外側

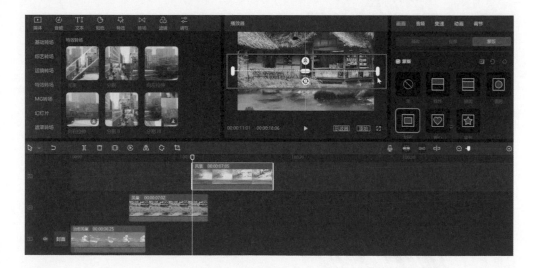

Step ⑨ 旋轉角度並延伸至對角線長度，我們設計如圖對角線位置

Step ⑩ 移動時間線對齊素材 2 終止點，依序點選素材 3(呈白色外框)/ 添加關鍵幀 (B 點)

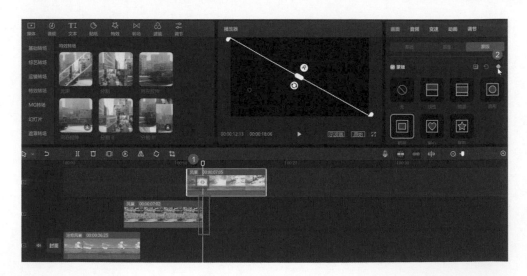

Step 11 縮放大小至全螢幕

Step 12 移動時間線至起點處，關閉原聲／音頻／音樂素材／純音樂／添加到軌道

Step ⑬ 移動時間線至素材最後方 / 點選音頻 / 分割 / 刪除多餘片段

Step ⑭ 點選音頻素材 / 基本 / 淡入、淡出時長自訂，完成後觀看效果

特效技巧 6、蒙版特效鏡頭

以卡點音樂節奏為主,搭配視頻素材並結合蒙版、關鍵幀縮放、移動、等變化設計卡點特效鏡頭技巧。

Step 1 時間線移至起點處 / 媒體 / 素材庫 / 搜尋:風景 / 導入多段視頻素材

Step 2 導入一段卡點音樂:時間線移至起點 / 音頻 / 音樂素材 / 卡點 / 添加到軌道

Step 3 將音頻素材裁剪與視頻素材時長相同

Step 4 點選素材 1/ 畫面 / 蒙版 / 矩形 / 添加關鍵幀 (A)

Step 5 依序停在關鍵幀 (A)/ 將蒙版縮放、移動

Step 6 移動時間線 / 再次添加關鍵幀 (B)

Step 7 依序停在關鍵幀 (B)，改變蒙版縮放大小、位置

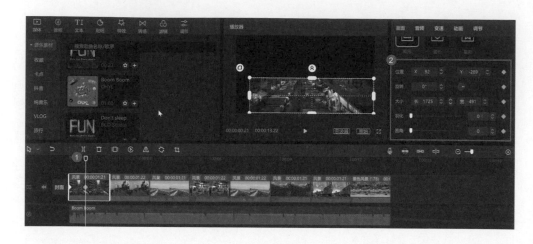

Step 8 依序重複步驟 6-7，將所有素材完成關鍵幀設定，並改變大小與位置移動

Step⑨ 完成所有關鍵幀後，將主軌道原聲關閉，完成後播放效果

特效技巧 7、拼圖特效鏡頭

利用多層次蒙版結合動畫變速，將單一蒙版套用技巧再提升，我們可以也可以完出拼圖效果特效。

Step① 導入一段視頻素材：媒體／素材庫／搜尋：風景／添加到軌道

Step **2** 點選素材 / 畫面 / 蒙版 / 鏡面

Step **3** 點選素材 / 設定蒙版的旋轉角度 (如：45 度)

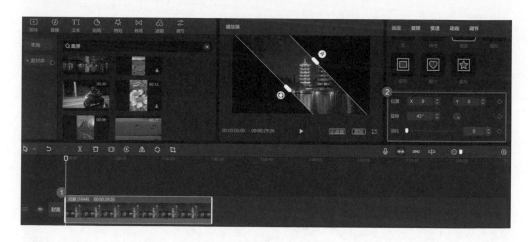

Step ④ 移動時間線 / 媒體 / 素材庫 / 搜尋：風景 / 添加到軌道

Step ⑤ 移動素材呈上下排列，並且部份交錯顯示，在此我們以時間線 02:05 位置為例

Step **6** 點選素材 2/ 畫面 / 蒙版 / 鏡面

Step **7** 旋轉並移動顯示位置，我們以右上角位置做為填滿區

說明：圖片拼接處是否要留間隔，可自行定義

Step 8 再次添加素材至時間軌

Step 9 移動素材 3 與素材 2 進場時間一致

Step ⑩ 點選素材 3/ 蒙版 / 鏡面

Step ⑪ 再次移動與縮放蒙版大小與位置，此時我們將填滿左下角位置

Step 12 關閉 3 段素材的背景音樂

Step 13 縮減 3 段素材的總時長一致

Step 14 分別將素材套用入場動畫、動畫時長設定

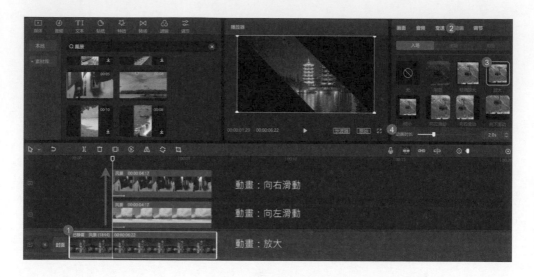

動畫：向右滑動

動畫：向左滑動

動畫：放大

Step 15 3 段素材套用完成動畫後，依據第一段素材的進場時間，將其它 2 段素材時間向前移

說明：動畫時長越短節奏越快，則另 2 段素材在動畫結束後即進場 (如圖所示)。

Step ⓰ 音頻 / 音樂素材 / 卡點 / 添加到軌道

Step ⓱ 移動時間線至視頻素材最後方 / 分割 /Delete 刪除多餘素材

Step 18 觀看播放效果

—— 特效技巧 8、圖片踩點動畫 ——

用圖片創建影片技巧，除了運用轉場特效外，我們來看看結合踩點音頻與動畫的設計，又將呈現出什麼樣的視覺效果。

首先準備好所要導入的圖片素材，由於需要配合踩點音頻，建議圖片素材數量越多效果愈佳。

Step 1 導入圖片素材，並依序置入時間軌道中

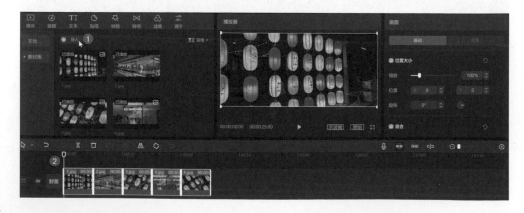

Step ❷ 移動時間軌至起點 / 音頻 / 音頻素材 / 卡點 / 選一曲目 / 添加到軌道

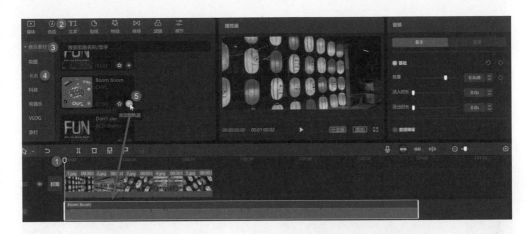

Step ❸ 點選音頻素材 / 自動踩點 / 踩節拍 I，此時音頻軌道上呈現黃色踩點圖示

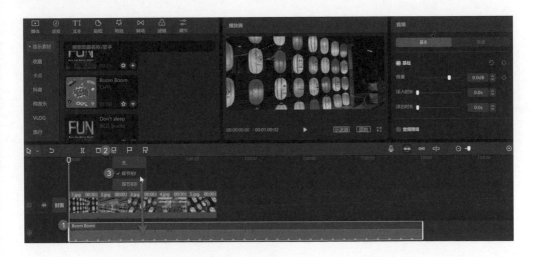

Step ❹ 依序將每段素材時長最後方對齊踩點位置

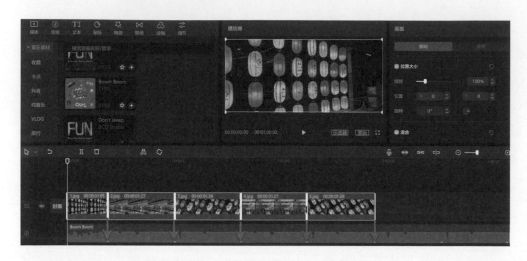

Step ❺ 時間線移至素材最後方 / 分割 /Delete 刪除多餘的音頻

Step ⑥ 點選圖片素材 / 動畫 / 入場 / 自選一動畫效果 (建議可套用抖動系列)
動感效果較強烈

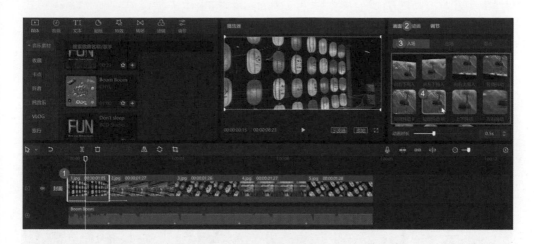

Step ⑦ 依序完成所有圖片素材套用及動畫效果，完成播放

特效技巧 9、夢幻天空旅程

在短視頻中很熱門的魔幻天空技法，例如：在行車中天空隨時一直在變化，可以是星空也可以是大自然，這類技巧我們只要利用蒙版與天空素材，也可以輕鬆完成夢幻天空旅程。

Step❶ 導入一段行車素材：媒體 / 素材庫 / 搜尋：行車 / 添加到軌道

Step❷ 再導入一段天空素材：媒體 / 素材庫 / 搜尋：天空 / 添加到軌道

Step 3 將天空素材向上移動，呈現上下並列效果

Step 4 將行車素材時長縮減與天空素材時長相同

Step ❺ 天空素材套用蒙版：點選天空素材 / 畫面 / 蒙版 / 線性

Step ❻ 設置羽化：左鍵向上拖拉羽化值，直到融入行車的天空範圍

Step 7 關閉素材原聲：將主軌道關閉原聲 / 點選天空素材 / 音頻 / 音量 / 向
左移至靜音

Step 8 時間線移到起點 / 音頻 / 音樂素材 /VLOG/ 選擇音頻 / 添加到軌道

Step ⑨ 點選音頻素材 / 移動時間線至最後方 / 分割 / 將後段音頻 Delete 刪除

Step ⑩ 點選音頻素材 / 基本 / 淡入、淡出時長設定，完成後觀看效果

特效技巧 10、魔幻粒子星空

想像在天空中，以手勢來滑動就可以變幻天空的場景，即是魔幻粒子星空技巧，結合多樣化素材、摳像、蒙版、多軌道等工具應用，來完成創意設計。

Step ① 時間線停駐在起點處 / 媒體 / 素材庫 / 天空 / 添加到軌道

Step ② 導入一段手形素材 (由右向左滑動手勢)，媒體 / 素材庫 / 搜尋：手 / 添加到軌道

Step ❸ 將手形素材向上移動與天空素材呈上下並列

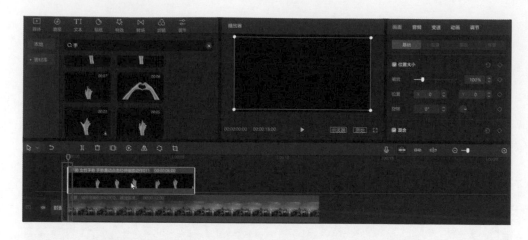

Step ❹ 將手形素材起點處裁剪至 00:21 位置

說明：時間位置可自由變化，在此我們希望一開始即出現手所以將前段到 00:21 位置部份裁剪。

Step ⑤ 將手形素材移動至起點處 00:00，與天空素材並列 00:00 位置

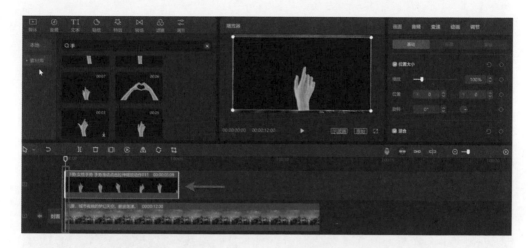

Step ⑥ 將手形素材縮放至全螢幕，可參考縮放至 107%

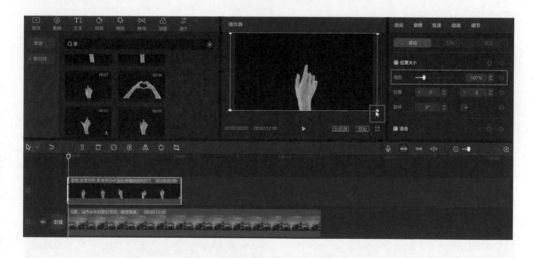

Step 7 點選手形素材 / 畫面 / 摳像 / 智能摳像，將黑色背景去除，呈現出天空素材

Step 8 時間線移至起點處 / 媒體 / 素材庫 / 搜尋：星空 / 添加到軌道

Step 9 點選星空素材,我們將後方裁剪至 06:26 位置,僅保留前段視頻內容

Step 10 將星空素材向上移動,與主軌道天空素材並列

Step ⓫ 點選星空素材 / 畫面 / 基礎 (向下捲動)/ 層級 /1

說明：層級未調整則手形素材會看不見

Step ⓬ 將時間軌道放大檢視

Step ⑬ 將時間線移動至 00:17 位置，並將星空素材同時移動至時間線 00:17 做為起始位置

說明：該時間點的依據可以參考手勢正在開始撥動時的起手式，做為時間點的參考，其實朋友們也可以自己測試不同時間點來做不同變化效果。

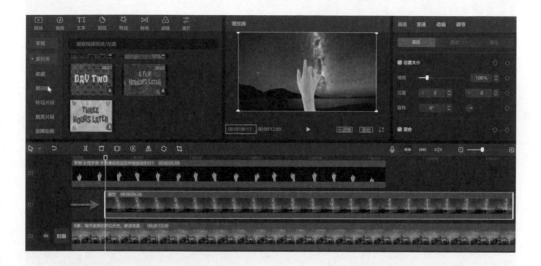

Step ⑭ 點選星空素材 / 畫面 / 蒙版 / 線性

說明：此時畫面下方 1/2 處即可呈現主軌道 (天空素材) 的內容

Step ⑮ 調整高度、羽化設定，讓兩軌道接縫線能夠更自然融合

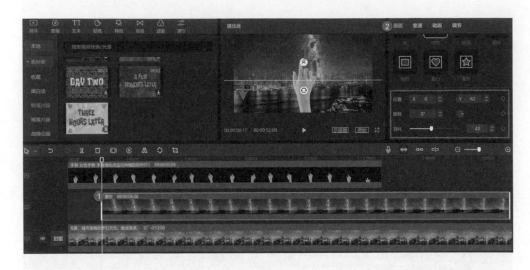

Step ⑯ 將星空素材時長裁剪至 01:23 位置，為一個獨立鏡頭畫面

Step 17 依序置入其它星空素材，每段素材時長如圖所示

說明：素材內容與時間可依需求自定

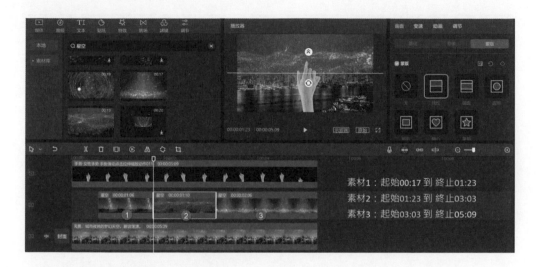

素材1：起始00:17 到 終止01:23
素材2：起始01:23 到 終止03:03
素材3：起始03:03 到 終止05:09

Step 18 特別注意的即是，星空素材的層級必須要是層級 1，否則最頂層的手形素材會消失不見

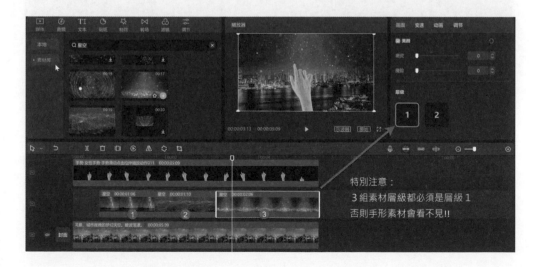

特別注意：
3 組素材層級都必須是層級 1
否則手形素材會看不見!!

Step ⑲ 層級設定要件，一定要先**移動時間線**停駐在該素材區段，並點選素材 (呈白色外框) 後，才可正常設定層級功能

層級設定要件
1.時間線一定要停駐在該素材區段
2.點選素材(呈白色外框)
3.層級設定才能正常使用

Step ⑳ 最後將每段素材時長，調整至一致性即可

Step 21 自行導入一段配樂，完成觀看效果

—— 特效技巧 11、文字烟霧消散效果 ——

文字隨著粒子消散特效，在此結合了粒子消散素材、文本、文本動畫設計，隨著粒子消散文字也同時消失，是一項非常特殊的視覺效果設計。

Step 1 首先導入一段星空背景 (素材類型可自定)

Step ② 縮減素材時長，在此我們縮減為 05:20

Step ③ 導入一段文本：時間線停駐所需位置 / 文本 / 新建文本 / 收藏 / 添加到軌道

Step ③ 點選文本素材 / 文本 / 基礎 / 輸入文字內容 / 字體：自選 / 移動文字位置

說明：由於我們所輸入的中文為繁體中文，因此在字體的套用上，會呈現部份文字套用無效，建議可安裝繁體中文字型，即可解決。若需使用剪映預設字型，則建議以 Google 翻譯將繁體中文翻譯成簡體中文後，再套用剪映所提供的字型檔才能正常使用。

Step **4** 導入粒子消散素材：停駐時間線於起點處 / 媒體 / 素材庫 / 粒子消散 / 添加到軌道

Step 5 將粒子消散素材拖拉至上層，與星空呈現上下並列顯示

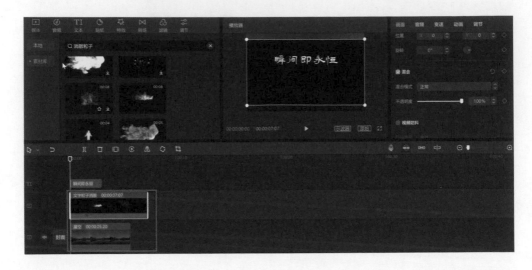

Step 6 縮減粒子消散素材時長，與星空時長相同

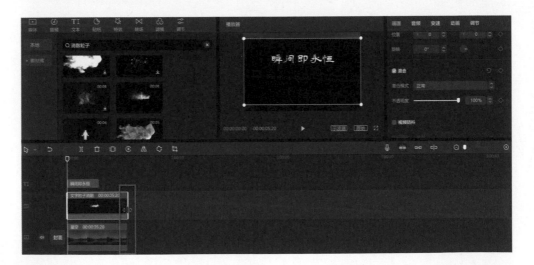

Step 7 將粒子消散素材放大,並移動與文字重疊位置 (可參照右側參數面版設置)

說明:以粒子消散素材為例,在進行播放至 01:15 時粒子才出現,這時我們以這效果來對照文字的重疊位置即可。

Step 8 點選粒子消散素材 / 畫面 / 混合模式 / 濾色 (此時才可看見星空背景素材)

Step ⑨ 點選文本素材結束時間點 03:03

說明：當粒子消散效果結束時，文本即要漸漸消失，所以在此我們以 03:03 時間點為例

Step ⑩ 點選文本 / 動畫 / 入場 / 打字機 II/ 動畫時長 0.7s

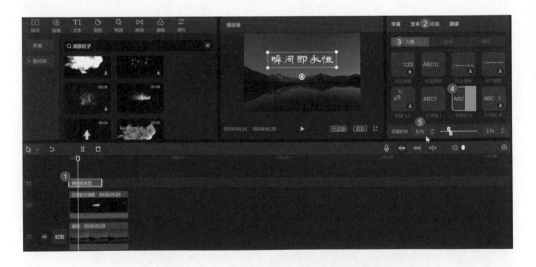

Step 11 點選文本素材 / 動畫 / 出場 / 漸隱 / 動畫時長：1.9s(動畫時長可自定)

說明：粒子開始出現時，即是文字要開始消失時，因此出場動畫時長，可依據
粒子消失的時間點，來增加出場動畫時長。

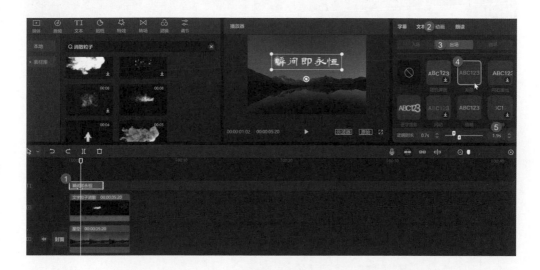

Step 12 我們也可以將出場動畫改為溶解，來呈現不同視覺效果

Step ⓭ 完成後，播放觀看效果

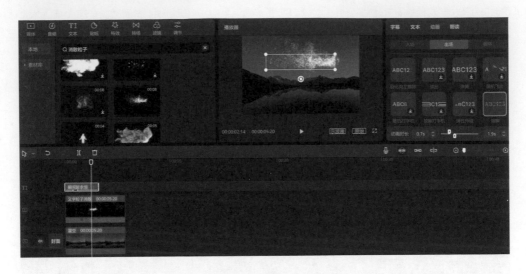

特效技巧 12、人物穿透文字

人物穿透文字設計技巧，在此我們分為兩種設計方式來説明，方式一：即是我們先準備好一段文字素材內容，並且導出成視頻 *.mp4 後，再導入進行設計。

這樣的設計需求主因在於，系統預設在未開啟自由層級時，視頻軌道間是無法直接穿插文本素材內容，只接受圖片與視頻素材可以直接穿插使用，因此我們必須先將所需要的文字內容，以文本素材設計後，並導出成視頻 *.mp4，而後才能再次導入設計使用。

方式二：開啟自由層級屬性，則可自由調整素材於任意的時間軌道中，並且於視頻軌道間穿插各類型素材內容，不再受限制，但是特別注意的是雖然可自由調整軌道順序，但也因此無法再由使用者自定軌道層級 123 屬性，而且自由層級一旦開啟後，是無法關閉的，這點請特別注意。

方式一：先製作文本素材並導出成視頻

Step 1 時間線移至起點處 / 貼紙 / 貼紙素材 / 搜尋：黑色背景 / 原始畫面：16:9

說明：在此選擇黑色背景目的是為了結合到視頻軌道時，可以透過混合模式來進行圖層結合，因此在選擇黑色背景時，請選擇純黑色不要有任何花邊的黑色，屆時才能完全去除黑色背景。

Step 2 縮放大小至全螢幕，參考縮放 144%

Step ③ 我們將貼紙時長調整至 00:10 秒

說明：文字內容的時長主要決定於後續要結合的視頻時長，在此範例我們以 00:10 秒為例設計。

Step ④ 點選文本 / 新建文本 / 以默認文本內容 / 添加到軌道

說明：以純白色文字套用，在進行混合模式時，文字會較清晰

Step⑤ 點選文本素材 / 文本 / 基礎 / 輸入文字內容 / 縮放文字大小

Step⑥ 調整文本素材時長與貼紙相同

Step ⑦ 完成後將素材導出

Step ⑧ 輸入作品名稱，其餘以預設值即可，點選導出

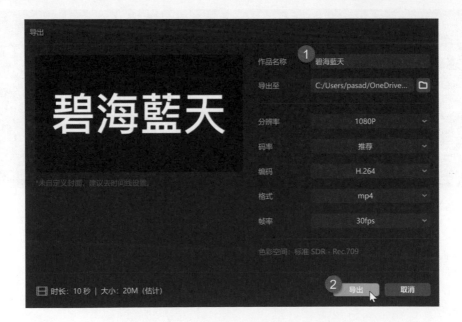

Step 9 導出後，點選關閉即可

Step 10 重新建立新草稿，點選開始創作

Step ⑪ 導入剛才儲存的貼紙素材

Step ⑫ 點選碧海藍天 .mp4 / 開啟

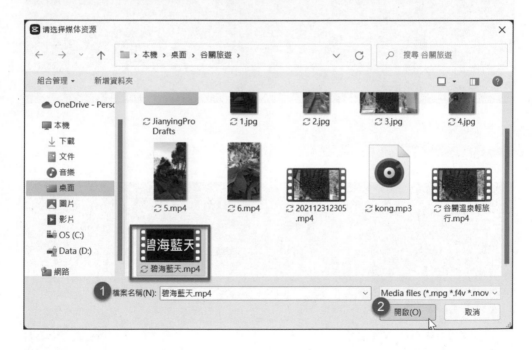

Step ⑬ 時間線移至起點處 / 媒體 / 素材庫 / 搜尋：人物 / 添加到軌道

Step ⑭ 時間線移至起點 / 媒體 / 本地 / 將剛才的碧海藍天素材導入 / 移動至上方呈上下並列效果

Step ⑮ 點選碧海藍天素材／畫面／混合模式：濾色，此時黑色背景即完成透明

Step ⑯ 點選人物素材／調整時長為 00:10

Step ⑰ 調整碧海藍天素材與人物素材重疊位置，讓穿越效果更明顯

Step ⑱ 點選人物素材 / 右鍵 / 複製

Step ⑲ 空白處右鍵／粘貼

Step ⑳ 將素材與文字上下重疊

Step 21 點選最上層人物素材 / 畫面 / 摳像 /p 智能摳像，此時人物已穿越文字
說明：將上層人物素材摳像後，僅保留人物其餘全數透明。

Step 22 調整時間差，將最上層人物素材起始時間縮減至 01:20 位置
說明：我們希望在影片開始時，文字是顯示在前方，而在某個關鍵鏡頭時 (例如：
轉身) 再穿越文字，因此在最上層的人物素材，我們向內縮減時間，如此就會
有很明顯的穿越前與穿越後的對比。

Step㉓ 碧海藍天素材，可依需求再加入動畫設計

Step㉔ 設計注意：在此無法直接用文本素材原因在於，剪映預設中無法穿插文本素材在視頻軌道間

說明：因此在作業前我們必須先設計一段以圖片或視頻構成的文字後，再導入設計，如此才可正常使用軌道穿插效果，因為視頻軌道間只可穿插圖片、視頻兩類型素材。

方式二：直接開啟自由層級來完成設計

Step① 媒體 / 素材庫 / 搜尋：人物 / 添加到軌道 (適用於移動中的視頻類型)

Step② 點選素材 / 調整 / 色溫、色調、飽和度等相關色彩調整

Step ③ 停駐時間線於起點 / 文本 / 花字 / 添加到軌道 / 輸入文字內容

Step ④ 點選文本素材 / 調整位置與大小

說明：位置與大小標準，以播放影片全部內容觀看是否有重疊做為設計參考依據。

Step 5 點選主軌道素材 / 右鍵 / 複製

Step 6 於文本素材軌道上方 / 右鍵 / 粘貼

Step 7 此時你會發現，若是要將文本素材放置在兩軌道中間，是不成立的

Step 8 因為自由層級未開啟設定

Step 9 點選視頻素材 / 層級屬性是可以自訂的

說明：在未開啟自由層級前，層級屬性是可由使用者自定義

Step 10 首先不選取任何素材 / 點選修改

Step ⑪ 開啟自由層級 / 保存設定

Step ⑫ 我們將時間軌重新排列如下圖

Step **13** 點選最上方視頻素材 / 畫面 / 摳像 / 智能摳像

Step **14** 利用時間線，找尋轉身關鍵時間點 (如：12:18) 位置

Step ⑮ 點選最上方視頻素材 / 將片頭縮減至 12:18 位置

說明：在此為呈現 00:00 開始為文字在前，在 12:18 關鍵轉身時文字在後特效，當然朋友們也可以自由決定文字置後的關鍵時間點。

Step ⑯ 影片開始時為文字在前

Step ⑰ 關鍵轉身後，文字置後效果，完成播放效果

Step ⑱ 此時注意的是，將無法再次自訂層級屬性 (Step9 功能即消失)

Step ⑲ 點選文本素材／動畫／入場／自選一動畫效果／並調整時長，將文本素材加入動畫設計效果

Step ⑳ 點選文本素材／動畫／出場／自選一動畫效果／並調整時長，完成播放效果

Note

 Note